BILL GATES

CÓMO EVITAR UN DESASTRE CLIMÁTICO

Bill Gates es un experto en tecnología, líder empresarial y filántropo. En 1975, fundó Microsoft junto a su amigo de la infancia Paul Allen y, en la actualidad, copreside con su esposa la Fundación Bill & Melinda Gates. También creó Breakthrough Energy, una iniciativa para la comercialización de energías limpias y tecnologías relacionadas con el medioambiente. Gates y su esposa tienen tres hijos y viven en Medina, Washington.

CÓMO EVITAR UN DESASTRE CLIMÁTICO

CÓMO EVITAR UN DESASTRE CLIMÁTICO

Las soluciones que ya tenemos y los avances que aún necesitamos

BILL GATES

Traducción de
Carlos Abreu Fetter

VINTAGE ESPAÑOL
Una división de Penguin Random House LLC
Nueva York

Para los científicos, innovadores y activistas
que nos muestran el camino

ÍNDICE

DE 51.000 MILLONES A CERO

Hay dos números relacionados con el cambio climático que conviene conocer. El primero es 51.000 millones. El segundo es cero.

Cincuenta y un mil millones es el número aproximado de toneladas de gases causantes del efecto invernadero que el mundo aporta cada año a la atmósfera. Aunque la cifra puede aumentar o disminuir ligeramente de un año al otro, por lo general tiende a crecer. Esta es *la situación en la actualidad.**

Cero es la cantidad *a la que debemos aspirar*. Para frenar el calentamiento y prevenir los peores efectos del cambio climático —que serán muy nocivos—, los humanos debemos dejar de emitir gases de efecto invernadero a la atmósfera.

Si esto parece complicado es porque lo será. El mundo jamás ha acometido una tarea tan colosal. Todos los países tendrán que mo-

---

* El dato de los 51.000 millones de toneladas se basa en la información más reciente disponible. Las emisiones mundiales descendieron ligeramente en 2020 —probablemente en torno al 5 por ciento— debido a la fuerte ralentización de la economía causada por la pandemia de la COVID-19. Con todo, como no conocemos la cifra exacta correspondiente a 2020, consideraremos los 51.000 millones como el total. Retomaremos el tema de la COVID-19 de forma ocasional a lo largo del libro.

dificar su manera de hacer las cosas. Prácticamente la totalidad de las actividades de la existencia contemporánea conllevan la liberación de gases de efecto invernadero y, a medida que pase el tiempo, más personas accederán a este estilo de vida. Esto es positivo, pues significa que las condiciones en que vive la gente van mejorando. Sin embargo, si no modificamos otros factores, el mundo seguirá produciendo gases de efecto invernadero, el cambio climático continuará empeorando y su impacto sobre la humanidad será con toda seguridad catastrófico.

No obstante, esto *puede* cambiar. Creo que es posible modificar varios factores. Ya disponemos de algunas de las herramientas que necesitaremos y, en cuanto a las que aún no tenemos, todo lo que he aprendido acerca del clima y de la tecnología me lleva a ser optimista sobre nuestra capacidad de inventarlas, implementarlas y, si actuamos con suficiente rapidez, evitar un desastre climático.

Este libro trata sobre lo que habrá que hacer y las razones por las que creo que podemos conseguirlo.

Hace dos décadas no imaginaba que algún día hablaría en público sobre el cambio climático, y mucho menos que escribiría un libro al respecto. Mi experiencia profesional gira en torno al software, no a la climatología, y en la actualidad colaboro a tiempo completo con mi esposa, Melinda, en la Fundación Gates, donde centramos todos nuestros esfuerzos en la salud global, el desarrollo y la educación en Estados Unidos.

Llegué a interesarme por el cambio climático de manera indirecta, a través del problema de la pobreza energética.

En los primeros años del siglo XXI, cuando nuestra fundación apenas arrancaba, comencé a viajar a países de rentas bajas del

África subsahariana y el sur de Asia para aprender más acerca de la mortalidad infantil, el VIH y otros graves problemas contra los que luchábamos. Sin embargo, no me centraba exclusivamente en las enfermedades. Cuando volaba a ciudades importantes, miraba por la ventanilla y me preguntaba: «¿Por qué está tan oscuro ahí fuera? ¿Dónde están todas las luces que vería si sobrevolara Nueva York, París o Pekín?».

En Lagos, Nigeria, recorrí calles sin alumbrado donde la gente se acurrucaba alrededor de hogueras que habían encendido en viejos bidones metálicos. En aldeas remotas, Melinda y yo conocimos a mujeres y niñas que se pasaban el día recogiendo leña para cocinar a llama viva en sus hogares. Conocimos a niños que hacían los deberes a la luz de las velas porque no tenían electricidad en casa.

Descubrí que cerca de mil millones de personas carecían de un suministro eléctrico fiable y que la mitad de ellas vivían en el

Melinda y yo hemos conocido a varios niños como Ovulube Chinachi, de nueve años, que vive en Lagos, Nigeria, y hace los deberes a la luz de una vela.[1]

África subsahariana. (El panorama ha mejorado un poco desde entonces; en la actualidad, aproximadamente 860 millones de personas no tienen electricidad.) Pensé en el lema de nuestra fundación —«Todo el mundo merece la oportunidad de llevar una vida sana y productiva»— y en lo difícil que resulta cuidar la salud cuando el ambulatorio local no mantiene las vacunas refrigeradas porque a menudo las neveras no funcionan. Cuesta ser productivo cuando uno no dispone de la luz suficiente para leer. Y es imposible desarrollar una economía que brinde oportunidades laborales a todos sin grandes cantidades de energía eléctrica fiable y asequible para oficinas, fábricas y servicios de atención telefónica.

Por la misma época, el científico ya fallecido David MacKay, profesor de la Universidad de Cambridge, compartió conmigo un gráfico que reflejaba la relación entre ingresos y uso de energía; entre la renta per cápita de un país y la cantidad de electricidad que consumen sus habitantes. El esquema, en el que la renta per cápita

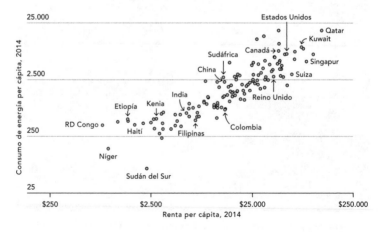

Los ingresos y el uso de la energía van de la mano. David MacKay me enseñó un gráfico como este, que vincula el consumo de energía con la renta per cápita. La correlación es inequívoca. (AIE; Banco Mundial.)[2]

aparecía representada por el eje horizontal, y el consumo de energía, por el vertical, dejaba patente que ambos factores están estrechamente relacionados.

Mientras asimilaba toda esta información, empecé a pensar en cómo podía ingeniárselas el mundo para ofrecer energía barata y eficiente a los pobres. No tenía sentido que nuestra fundación abordara este gigantesco problema —necesitábamos que siguiera centrada en su misión fundamental—, pero comencé a barajar ideas con algunos amigos inventores. Leí varias obras que trataban el tema en profundidad, entre ellas los esclarecedores libros del científico e historiador Vaclav Smil, que me ayudaron a entender lo esencial que ha sido la energía para la civilización moderna.

En aquel entonces, aún no era consciente de que debíamos llegar a cero. Los países ricos, responsables de gran parte de las emisiones, empezaban a prestar atención al cambio climático, y suponía que bastaría con eso. Mi contribución, o eso creía, consistiría en defender que la energía fiable estuviera al alcance de los más desfavorecidos.

Para empezar, ellos serían los principales beneficiados. La energía barata no solo les permitiría disponer de luz por la noche, sino también de fertilizantes más económicos para las tierras y de cemento para las casas. Y, por lo que respecta al cambio climático, los pobres son los que más tienen que perder. Se trata en su mayoría de agricultores que ya viven al límite y no podrían sobrellevar más sequías e inundaciones.

Mi mentalidad cambió a finales de 2006, cuando me reuní con dos antiguos colegas de Microsoft que querían fundar organizaciones sin ánimo de lucro centradas en la energía y el clima. Los acompañaban dos climatólogos muy versados en estos temas, y los cuatro me mostraron los datos que relacionaban las emisiones de gases de efecto invernadero con el cambio climático.

Sabía que estos gases estaban causando un aumento de las temperaturas, pero daba por sentado que existían variaciones cíclicas u otros factores que, de forma natural, impedirían que se produjera una catástrofe climática. Además, me costaba aceptar que las temperaturas continuarían incrementándose mientras los humanos siguieran emitiendo gases de efecto invernadero, en la cantidad que fuera.

Acudí de nuevo al grupo en varias ocasiones para aclarar dudas posteriores. Al final, lo comprendí: el mundo necesita generar más electricidad para que los desfavorecidos prosperen, pero sin emitir más gases de efecto invernadero.

La cuestión me pareció entonces aún más compleja. Ya no bastaba con proporcionar energía barata y fiable a las personas de bajos recursos; también debía tratarse de energía limpia.

Continué estudiando todo lo que caía en mis manos sobre el cambio climático. Me reunía con expertos en clima y energía, agricultura, océanos, niveles del mar, glaciares y tendidos eléctricos, entre otros campos. Leía los informes publicados por el Grupo Intergubernamental de Expertos sobre el Cambio Climático (conocido como IPCC, por sus siglas en inglés), el organismo dependiente de la ONU que establece el consenso científico respecto a este tema. Vi *Earth's Changing Climate*, una estupenda serie de vídeos de conferencias impartidas por el profesor Richard Wolfson y disponibles como uno de los cursos de The Great Courses. Leí *Weather for Dummies*, que sigue siendo uno de los mejores libros acerca del clima que he encontrado.

Algo que me quedó muy claro fue que las fuentes de energía renovable actuales —eólica y solar, sobre todo— podían ayudar en buena medida a reducir el problema, pero que aún no estábamos haciendo lo suficiente por implementarlas.* También me quedó claro por qué no bastan por sí solas para llevarnos hasta las cero emisiones. El viento no sopla en todo momento ni el sol brilla las veinticuatro horas, y no disponemos de baterías asequibles capaces de almacenar las cantidades de energía que requiere una ciudad durante el tiempo necesario. Además, la producción de electricidad solo representa el 27 por ciento de todas las emisiones de gases de efecto invernadero. Aunque lográramos grandes avances en materia de baterías, tendríamos que lidiar con el 73 por ciento restante.

En apenas unos años, he llegado a tres conclusiones:

1. Para evitar un desastre climático, tenemos que alcanzar las cero emisiones.
2. Debemos aplicar las herramientas de las que ya disponemos, como las energías solar y eólica, de manera más rápida e inteligente.
3. Debemos crear y comercializar tecnologías de vanguardia que nos ayuden a lograr nuestro objetivo.

Los argumentos en favor del cero eran, y siguen siendo, de lo más sólidos. Si no dejamos de aportar gases de efecto invernadero a la atmósfera, la temperatura continuará subiendo. Hay una analogía especialmente iluminadora: el clima es como una bañera que

---

* La energía hidráulica —electricidad generada por la caída de agua a través de una presa— es otra fuente renovable, la mayor de Estados Unidos, de hecho. Sin embargo, ya estamos explotando al máximo casi todas las reservas de energía hidráulica disponibles, por lo que no hay mucho margen de crecimiento en este terreno. Habremos de obtener casi toda la energía limpia adicional que necesitamos de otras fuentes.

se llena poco a poco de agua. Incluso si reducimos el chorro a un hilillo, el agua acabará por rebasar el borde y derramarse. Ese es el desastre que tenemos que evitar. Imponernos el objetivo de reducir nuestras emisiones —pero no eliminarlas— no bastará. El único objetivo sensato es alcanzar el cero. (En el capítulo 1 explico con más detalle a qué me refiero con ello y cuál sería el impacto sobre el cambio climático.)

Sin embargo, en la época en que me enteraba de todo esto, no estaba buscando otro tema en el que volcarme. Melinda y yo habíamos decidido formarnos a fondo, contratar a equipos de expertos e invertir nuestros recursos en los ámbitos de la sanidad y del desarrollo a nivel mundial, así como en la educación en Estados Unidos. Además, había observado que muchas personas famosas estaban poniendo el foco sobre el cambio climático.

Así que, aunque me impliqué más en esta cuestión, no la convertí en la máxima prioridad. Cuando podía, leía al respecto y me entrevistaba con especialistas. Invertí en algunas compañías de energía renovable y destiné varios cientos de millones de dólares a la creación de una empresa con el fin de diseñar una central nuclear de última generación que produjera electricidad limpia y dejara muy pocos residuos radiactivos. Pronuncié una charla TED titulada «¡Innovando hacia cero!». Pero, por lo general, las labores de la Fundación Gates acaparaban mi atención.

Hasta que un día, en la primavera de 2015, decidí que debía hacer más y alzar la voz por esta causa. Había estado viendo noticias sobre estudiantes de Estados Unidos que organizaban sentadas para exigir que sus universidades se deshicieran de sus inversiones en combustibles fósiles. Como parte de este movimiento, el periódico británico *The Guardian* lanzó una campaña que instaba a nuestra fundación a liquidar la pequeña fracción de activos que tenía invertida en compañías que explotaban esta clase de combustibles. Crearon un vídeo en el que aparecían personas de todo el mundo que me pedían que desinvirtiera.

Entendía por qué *The Guardian* había dirigido sus críticas a nuestra fundación y a mí en concreto. Además, la entrega de los activistas despertaba mi admiración; había sido testigo de las protestas estudiantiles contra la guerra de Vietnam, y más tarde contra el régimen del apartheid de Sudáfrica, y sabía que habían conseguido cambios reales. Resultaba estimulante ver esa clase de energía dirigida contra el cambio climático.

Por otro lado, no dejaba de pensar en lo que había observado en mis viajes. India, por ejemplo, tiene una población de 1.400 millones de personas, muchas de las cuales se cuentan entre las más desfavorecidas del mundo. No me parecía justo que les dijeran que sus hijos tendrían que estudiar sin luz eléctrica o que miles de indios estaban condenados a morir a causa de las olas de calor porque los aparatos de aire acondicionado son dañinos para el medio ambiente. La única solución que se me ocurría era generar energía limpia a un coste tan bajo que todos los países la prefirieran por encima de los combustibles fósiles.

Por muy admirable que me resultara el fervor de los manifestantes, no creía que la desinversión por sí sola bastara para detener el cambio climático o ayudar a la gente de los países pobres. Una cosa era desinvertir en empresas para combatir el apartheid, una institución política susceptible de ceder a la presión económica (como de hecho ocurrió), y otra muy distinta transformar el sistema energético del mundo —un sector valorado en cerca de cinco billones de dólares al año y que constituye la base de la economía moderna— simplemente vendiendo las acciones de las compañías de combustibles fósiles.

A día de hoy, sigo opinando lo mismo, pero me he dado cuenta de que hay otros motivos para no poseer acciones de empresas de este tipo: no quiero lucrarme si su precio sube por el hecho de que no desarrollemos alternativas con una huella de carbono cero. Me sentiría culpable si me beneficiara de un retraso en la eliminación de las emisiones. Así que en 2019 vendí todas mis participaciones directas en compañías de petróleo y gas, y lo mismo hizo el fideicomiso que administra los fondos de la Fundación Gates. (Ya hacía años que yo había retirado mis inversiones en empresas de carbón.)

Se trata de una decisión personal que tengo la suerte de poder tomar. Sin embargo, soy muy consciente de que no repercutirá de un modo real en la reducción de emisiones. Llegar al cero requiere un enfoque mucho más amplio: el impulso de un cambio completo por medio de todos los instrumentos a nuestra disposición, como las políticas gubernamentales, la tecnología actual, los inventos nuevos y la capacidad de los mercados privados para distribuir productos a cantidades ingentes de personas.

A finales de 2015 surgió una ocasión propicia para exponer argumentos en favor de la innovación y las nuevas inversiones: entre noviembre y diciembre, la ONU celebraría en París la COP 21, una gran cumbre sobre el cambio climático. Unos meses antes, me reuní con François Hollande. El por aquel entonces presidente de Francia estaba interesado en convencer a inversores privados de que participaran en la conferencia, y yo estaba interesado en incluir la innovación en el orden del día. Ambos veíamos el acto como una buena oportunidad. Me pidió mi colaboración para incorporar inversores a la iniciativa; le respondí que me parecía una buena propuesta, aunque resultaría más sencillo si los gobiernos se comprometieran también a invertir más en investigación sobre energías.

La idea no sería fácil de vender. Hasta el presupuesto que Estados Unidos asigna a la investigación energética era (y sigue siendo) mucho más bajo que el de otras partidas esenciales, como las de sanidad o defensa. Aunque algunos países iban incrementando de forma modesta los recursos destinados a la investigación, seguían siendo muy exiguos. Y se mostraban reacios a hacer mucho más a menos que se les garantizara que habría dinero suficiente por parte del sector privado para sacar sus ideas del laboratorio y convertirlas en productos que ayudaran de verdad a la población.

En 2015, sin embargo, la financiación privada estaba cerrando el grifo. Muchas de las sociedades de capital riesgo que habían invertido en tecnología verde se retiraban del sector porque los beneficios que les reportaba eran demasiado bajos. Estaban acostumbradas a colocar dinero en empresas de biotecnología e informática, que a menudo alcanzaban el éxito de la noche a la mañana y no tenían que lidiar con tantas regulaciones gubernamentales. La energía limpia era harina de otro costal, así que empezaron a desentenderse.

Resultaba evidente que debíamos captar nuevos inversores y adoptar una estrategia distinta, concebida de forma específica para las energías renovables. En septiembre, dos meses antes del inicio de la conferencia de París, escribí por correo electrónico a más de una veintena de multimillonarios a los que conocía; mi esperanza era convencerlos de que se comprometieran a complementar con capital riesgo la nueva financiación de la investigación por parte de los gobiernos. Tendrían que ser inversiones a largo plazo —los avances significativos en materia de energía tardan décadas en desarrollarse— y los inversores debían mostrar una alta tolerancia al riesgo. Con el fin de evitar los escollos con que habían topado los capitalistas de riesgo, decidí colaborar en la formación de un equipo especializado de expertos que evaluara las empresas y las ayudara a capear las complejidades del sector energético.

Las reacciones me llenaron de alegría. El primer inversor contestó que sí en menos de cuatro horas. Cuando, dos meses después, se inauguró la cumbre de París, se habían sumado veintiséis más a lo que habíamos bautizado como Breakthrough Energy Coalition [coalición para el progreso energético]. En la actualidad, la organización cuenta con programas filantrópicos, acciones de defensa y fondos privados que han invertido en más de cuarenta empresas de ideas prometedoras.

Los gobiernos también pusieron de su parte. En París se reunieron veinte jefes de Estado que se comprometieron a doblar el presupuesto para la investigación. El presidente Hollande, el presidente estadounidense Barack Obama y el primer ministro de India, Narendra Modi, habían desempeñado un papel decisivo en la materialización del acuerdo; de hecho, fue el primer ministro Modi quien dio con el nombre: Mission Innovation. Actualmente la iniciativa engloba a veinticuatro países, y la Comisión Europea ha desbloqueado 4.600 millones de dólares anuales en dinero nuevo para la investigación en energías limpias, lo que supone un incremento de más del 50 por ciento en apenas unos años.

El siguiente punto de inflexión en este relato resultará tristemente familiar a todos los lectores.

En 2020, la humanidad sufrió un duro golpe cuando un nuevo coronavirus se propagó por el mundo. A quienes conocíamos la historia de las pandemias, los estragos causados por la COVID-19 no nos sorprendieron. Llevaba años estudiando los brotes de enfermedades, debido a mi interés en la salud global, y me preocupaba mucho que el mundo no estuviera preparado para hacer frente a una pandemia como la de la gripe de 1918, que mató a decenas de

Presentación de Mission Innovation, en compañía de líderes mundiales, en la conferencia de la ONU sobre el clima celebrada en 2015 en París. (En la página 299 constan los nombres de todas las personas que aparecen en la fotografía.)[3]

millones de personas. En 2015, había pronunciado una conferencia TED y había concedido varias entrevistas en las que defendía la necesidad de crear un sistema para detectar brotes importantes y actuar para contenerlos. Otras personas, entre ellas el expresidente de Estados Unidos George W. Bush, habían esgrimido argumentos similares.

Por desgracia, el mundo apenas se preparó, de modo que, cuando apareció el nuevo coronavirus, trajo consigo una mortandad enorme y pérdidas económicas sin precedentes desde la Gran Depresión. Aunque seguí dedicándome en gran parte a mi trabajo en torno al cambio climático, Melinda y yo decidimos que la COVID-19 debía convertirse en la máxima prioridad de la Fundación Gates y en el principal objetivo de nuestros esfuerzos. Todos los días, hablaba con científicos de universidades y pequeñas empresas, presidentes de compañías farmacéuticas y jefes de gobierno para averiguar cómo podía contribuir la fundación a acelerar el desarrollo de pruebas, tratamientos y vacunas. En noviembre de 2020, habíamos destinado más de 445 millones de dólares en subvenciones para la lucha contra la enfermedad y cientos de millones más a través de distintas inversiones para llevar más rápido vacunas, tests y otros productos fundamentales a países con escasos recursos.

La actividad económica se ha frenado tanto que el mundo emitirá menos gases de efecto invernadero este año que el anterior. Como ya he mencionado, la reducción será del orden de alrededor del 5 por ciento. En la práctica, eso significa que liberaremos a la atmósfera entre 48.000 millones y 49.000 millones de toneladas de carbono, en lugar de 51.000 millones.

Se trata de una disminución considerable, y sería estupendo que pudiéramos mantener ese ritmo de decrecimiento todos los años. Por desgracia, no podemos.

Pensemos en el precio que hemos pagado por esta reducción del 5 por ciento. Han fallecido un millón de personas, y 10 millones se han quedado sin empleo. Por decirlo con suavidad, se trata de una situación que nadie querría prolongar o repetir. Y, aun así, las emisiones de gases de efecto invernadero seguramente se han reducido solo un 5 por ciento, tal vez menos. Lo que me llama la atención no es dicha disminución, sino lo leve que ha sido.

Este ligero decrecimiento de las emisiones demuestra que utilizar menos el coche y el avión no bastaría para alcanzar la meta del cero, ni siquiera sería el factor más determinante. Del mismo modo que necesitamos nuevas pruebas, tratamientos y vacunas para combatir la COVID-19, también necesitamos nuevas herramientas para luchar contra el cambio climático: maneras de generar electricidad, fabricar cosas, cultivar alimentos, caldear o enfriar el interior de los edificios, y transportar a personas y mercancías por el mundo, todo ello con huella de carbono cero. Asimismo, precisamos nuevos tipos de semillas y otras innovaciones para ayudar a las personas más desfavorecidas del planeta —muchas de las cuales son pequeños agricultores— a adaptarse a un clima más caluroso.

Hay otros obstáculos, por supuesto, que no están relacionados con la ciencia o la financiación. En Estados Unidos, sobre todo, la política ha desviado la atención del debate sobre el cambio climático. Algunos días da la impresión de que hay pocas esperanzas de conseguir algún avance.

Mi mentalidad es más propia de un ingeniero que de un experto en ciencias políticas, de modo que no tengo la solución política al cambio climático. En lugar de eso, aspiro a poner el punto de mira en lo que hace falta para llegar a las cero emisiones: canalizar el entusiasmo y la inteligencia científica del mundo hacia las soluciones relacionadas con energías limpias que ya existen, así como hacia la invención de otras nuevas, para dejar de verter gases de efecto invernadero en la atmósfera.

Tengo claro que no soy la persona más indicada para transmitir mensajes sobre el cambio climático. En el mundo no escasean los hombres ricos con ideas ambiciosas respecto a lo que deberían hacer los demás o con la convicción de que la tecnología puede arreglarlo todo. Además, soy propietario de grandes casas y vuelo en aviones privados —de hecho, viajé en uno a París para participar en la conferencia sobre el clima—, de manera que ¿qué derecho tengo a sermonear a nadie acerca del medio ambiente?

Me declaro culpable de los tres cargos.

No puedo negar que soy un tipo adinerado con una opinión. Sin embargo, creo que se trata de una opinión bien fundamentada, y siempre procuro informarme mejor.

Por otro lado, soy tecnófilo. Cuando se me presenta un problema, siempre busco remedio en la tecnología. Por lo que respecta al cambio climático, sé que la innovación no es lo único que necesitamos. Pero sin ella no lograremos que la tierra siga siendo habitable. Las soluciones técnicas no bastan, pero son necesarias.

Por último, es cierto que mi huella de carbono es desorbitada. Me he sentido culpable por ello durante mucho tiempo. Ya era consciente de lo elevadas que son mis emisiones, pero trabajar en este libro me ha abierto aún más los ojos respecto a mi responsabilidad de reducirlas. Disminuir mi huella de carbono es lo menos que cabe esperar de alguien en mi posición a quien le preocupa el cambio climático y que hace llamamientos públicos a la acción.

En 2020 empecé a adquirir combustible de aviación sostenible y en 2021 habré compensado por completo las emisiones de mi familia en ese aspecto. Para el resto, intento contrarrestar nuestra huella a través de una empresa que cuenta con una planta que absorbe el dióxido de carbono del aire (si quieres saber más acerca de esta tecnología, llamada «captura directa de aire», ve al capítulo 4). También apoyo a una organización sin ánimo de lucro que instala sistemas de energía limpia en viviendas asequibles en Chicago. Además, continuaré buscando otras maneras de aminorar mi huella particular.

Por otra parte, invierto en tecnologías neutras en carbono. Me gusta pensar que eso contrarresta parte de mis emisiones. He destinado más de mil millones de dólares a iniciativas que confío en que ayuden al mundo a alcanzar la meta del cero, entre ellas la generación de energía limpia y fiable, así como la fabricación baja en emisiones de carbono de productos tales como el cemento, el acero y la carne, entre otros. Y no sé de nadie que invierta más en tecnologías de captura directa de aire.

Por supuesto, invertir en empresas no reduce mi huella de carbono, pero, si he elegido bien los proyectos, gracias a ellos se retirará de la atmósfera más carbono del que emitimos mi familia o yo. Por otra parte, el objetivo no es que cada individuo subsane sus emisiones, sino evitar un desastre climático. Por eso apoyo la investigación preliminar sobre energías limpias, invierto en empresas energéticas prometedoras, defiendo políticas que impulsarán avances en todo el mundo y animo a otras personas que disponen de recursos a hacer lo mismo.

El quid de la cuestión es el siguiente: mientras que los grandes emisores como yo deberíamos consumir menos energía, el mundo en general debería consumir *más* productos y servicios proporcionados por la energía. No tiene nada de malo utilizar más, siempre y cuando no esté basada en el carbono. La clave para atajar el cambio climático estriba en producir una energía verde tan barata y fiable como la que procede de los combustibles fósiles. Dedico enormes esfuerzos a promover todo aquello que creo que nos conducirá hasta ese punto y supondrá una diferencia significativa que nos permitirá pasar de los 51.000 millones de toneladas a cero.

Este libro propone una vía para avanzar, una serie de pasos que podemos dar para maximizar nuestras probabilidades de evitar un desastre climático. Se divide en cinco partes:

¿Por qué cero? En el capítulo 1 profundizaré en por qué tenemos que alcanzar las cero emisiones, así como lo que sabemos (y lo que no) acerca de cómo afectará el aumento de las temperaturas a la población mundial.

La mala noticia: llegar a cero será muy complicado. Dado que todos los planes para conseguir un objetivo deben comenzar con una valoración realista de las barreras que se interponen en nuestro camino, en el capítulo 2 nos dedicaremos a analizar los desafíos a los que nos enfrentamos.

Cómo mantener una conversación razonada sobre el cambio climático. En el capítulo 3 intento aclarar algunas estadísticas confusas que circulan por ahí y comparto el puñado de preguntas que tengo presentes cada vez que participo en un diálogo sobre el cambio climático. Me han salvado de meter la pata en incontables ocasiones y espero que también te sirvan a ti.

La buena noticia: podemos lograrlo. En los capítulos 4 a 9 analizo los campos en que la tecnología actual puede resultar útil y aquellos otros que requieren avances importantes. Será la parte más larga del libro, pues son muchos los temas que hay que cubrir. Algunas soluciones que tenemos que implementar a gran escala ya existen, pero también necesitamos desarrollar *un montón* de innovaciones y difundirlas por el mundo en pocas décadas.

Aunque expondré algunas de las tecnologías en las que deposito más esperanzas, no nombraré muchas empresas concretas. Esto se debe en parte a que he invertido en algunas de ellas y no querría dar la impresión de estar favoreciendo a compañías en las que tengo intereses financieros. Pero la razón más importante es que deseo enfocar la atención en las ideas e innovaciones, no en los negocios específicos. Algunas empresas podrían irse a pique en los próximos años; suele ocurrir cuando se trabaja con tecnología de vanguardia, y no es necesariamente una señal de fracaso. Lo fundamental es aprender de los errores e incorporar las lecciones recibidas a la siguiente iniciativa, tal como hicimos en Microsoft y tal como hacen los demás innovadores que conozco.

Medidas que podemos tomar ahora. He escrito este libro porque no solo tengo claro el problema del cambio climático, sino también la posibilidad de resolverlo. No se trata de un optimismo iluso; ya cumplimos con dos de las tres condiciones necesarias para llevar a buen término cualquier tarea de envergadura. En primer lugar, tenemos empeño, gracias a la pasión de un movimiento mundial creciente liderado por jóvenes profundamente preocupados por el cambio climático. En segundo lugar, nos fijamos metas cada vez más ambiciosas para solucionar el problema a medida que más dirigentes nacionales y locales de todo el mundo se comprometen a arrimar el hombro.

Solo nos falta la tercera condición: un plan preciso para alcanzar dichas metas.

Del mismo modo que nuestros objetivos se basan en lo que nos dice la climatología, cualquier plan práctico para reducir las emisiones tiene que basarse en distintas disciplinas: física, química, biología, ingeniería, ciencias políticas, economía y finanzas, entre otras. Así pues, en los últimos capítulos, propondré un plan fundamentado en las recomendaciones que me han hecho expertos de todos estos campos. En los capítulos 10 y 11 me centraré en las políticas que pueden adoptar los gobiernos; en el capítulo 12 propondré una serie de pasos que todos podemos seguir para ayudar al mundo a alcanzar la meta del cero. Tanto si eres una autoridad gubernamental, un empresario o un votante muy ocupado y con muy poco tiempo libre (o las tres cosas a la vez), puedes hacer algo para contribuir a evitar un desastre climático.

Eso es todo. Comencemos.

1

¿POR QUÉ CERO?

La razón por la que necesitamos llegar a las cero emisiones es sencilla: los gases de efecto invernadero atrapan el calor, lo que ocasiona que la temperatura media de la superficie terrestre aumente. Cuanto mayor es la cantidad de estos gases, más sube la temperatura. Y, una vez que se liberan en la atmósfera, permanecen allí mucho tiempo; cerca de la quinta parte del dióxido de carbono emitido hoy persistirá dentro de diez mil años.

Ninguna hipótesis realista prevé que continuemos añadiendo carbono a la atmósfera sin que el mundo siga calentándose, y cuanto más se caliente, más difícil será para los humanos sobrevivir, por no hablar de prosperar. No sabemos con exactitud cuánto daño ocasionaría un aumento determinado de la temperatura, pero nos sobran motivos para preocuparnos. Además, dado que los gases de efecto invernadero perviven tanto tiempo en la atmósfera, las altas temperaturas del planeta se mantendrán hasta mucho después de que lleguemos a las cero emisiones.

Reconozco que estoy empleando la palabra «cero» de forma imprecisa, así que quiero dejar claro a qué me refiero. En la era preindustrial —antes de mediados del siglo XVIII, más o menos—, el ciclo del carbono de la tierra debía de estar bastante equilibrado; es decir, las plantas y otros organismos y sustancias absorbían aproximadamente tanto dióxido de carbono como el que se emitía.

Pero entonces empezamos a quemar combustibles fósiles. Estas sustancias se componen del carbono almacenado bajo tierra, los restos de las plantas que murieron hace mucho tiempo y a lo largo de millones de años se transformaron, debido a la compresión, en petróleo, carbón o gas natural. Cuando extraemos esos combustibles y los quemamos, emitimos carbono, que se suma al que ya se encuentra en la atmósfera.

No hay vías realistas para alcanzar la meta del cero que consistan en abandonar estos combustibles por completo o poner fin a todas las actividades que también producen gases de efecto invernadero (como la fabricación de cemento, el uso de fertilizantes o el metano que escapa de las termoeléctricas de gas natural). Por el contrario, lo más probable es que en un futuro de carbono cero continuemos produciendo emisiones pero dispongamos de sistemas para retirar el carbono adicional.

En otras palabras, «llegar a las cero emisiones» en realidad no quiere decir eliminarlas por completo, sino aproximarnos a las «emisiones netas nulas». No se trata de un examen de todo o nada que solo podemos aprobar si conseguimos una reducción del cien por cien y que suspenderemos desastrosamente si no llegamos más que al 99 por ciento. Sin embargo, cuanto mayor sea la reducción, mayores serán las ventajas.

Una disminución del 50 por ciento en las emisiones no detendría el aumento de la temperatura; solo lo ralentizaría, lo que aplazaría pero no impediría la catástrofe climática.

Supongamos que logramos una reducción del 99 por ciento. ¿Qué países y sectores de la economía tendrían derecho a aprovechar el 1 por ciento restante? ¿Quién estaría legitimado para decidir algo así?

De hecho, para evitar los peores escenarios climáticos, en algún momento no solo debemos dejar de añadir gases a la atmósfera, sino también empezar a eliminar parte de los que ya hemos emitido. A veces esta medida se define como «emisiones netas negativas». Esto significa simplemente que, a la larga, tendremos que absorber del aire más gases de efecto invernadero de los que liberamos para limitar el incremento de la temperatura. Por retomar la analogía que esbocé en la introducción, se trata no solo de parar el flujo de agua al interior de la bañera, sino también de retirar el tapón y dejar que el agua se vaya por el desagüe.

Sospecho que antes de leer este capítulo ya te habías topado con referencias a los riesgos que entraña no alcanzar la meta del cero. Al fin y al cabo, las noticias hablan del cambio climático prácticamente a diario, y con razón: es un problema urgente que merece todos los titulares que se le dediquen. No obstante, algunas explicaciones resultan confusas o incluso contradictorias.

En este libro intentaré abrirme camino entre el ruido. A lo largo de los años, he tenido la oportunidad de aprender de algunos de los científicos más eminentes del mundo especializados en el clima y en energía. Se trata de una conversación interminable, pues los conocimientos de los investigadores avanzan a medida que incorporan datos nuevos y mejoran los modelos informáticos que utilizan para hacer predicciones sobre distintos escenarios futuros. Sin embargo, me ha resultado de enorme utilidad para distinguir lo probable de lo posible pero improbable, y me ha convencido de que el único modo de evitar desenlaces desastrosos es llegar a las cero emisiones. En este capítulo quiero compartir parte de lo que he aprendido.

Un poco es mucho

Me sorprendió descubrir que lo que en principio parecía un ligero aumento de la temperatura mundial —solo uno o dos grados centígrados— podría ocasionar grandes problemas. Pero es verdad: desde el punto de vista del clima, una variación de unos pocos grados supone una diferencia enorme. Durante la última glaciación, la temperatura media era solo seis grados más baja que la actual. En la época de los dinosaurios, cuando la temperatura media era unos cuatro grados más calurosa que la de nuestros días, había cocodrilos viviendo por encima del Círculo Polar Ártico.

También es importante recordar que tras estas cifras medias se oculta un margen muy amplio de temperaturas. Aunque el promedio mundial ha subido apenas un grado desde la era preindustrial, en algunos lugares ya se han experimentado incrementos de más de dos grados. En estas regiones habita entre el 20 y el 40 por ciento de la población mundial.

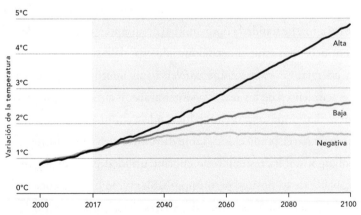

Las tres líneas que hay que conocer. Muestran cuál será el crecimiento de la temperatura en el futuro si las emisiones aumentan mucho (la línea alta), si aumentan menos (baja) y si empezamos a eliminar más carbono del que emitimos (negativa). (KNMI Climate Explorer.)[1]

¿Por qué aumenta más la temperatura en unos lugares que en otros? En el interior de algunos continentes el suelo está más seco, lo que se traduce en que el terreno no se enfría tanto como antes. Dicho de otro modo, los continentes transpiran cada vez menos.

Así pues, ¿qué tiene que ver el calentamiento del planeta con las emisiones de gases de efecto invernadero? Empecemos por lo básico: el dióxido de carbono es el gas de efecto invernadero más común, pero hay otros, como el óxido nitroso y el metano. Es posible que hayas gozado de los efectos del óxido nitroso —también conocido como gas de la risa— en la consulta del dentista, y el metano es el ingrediente principal del gas natural que se usa en muchas cocinas y calderas. Molécula por molécula, muchos de estos gases ocasionan un calentamiento mayor que el dióxido de carbono; en el caso del metano, ciento veinte veces mayor en el momento en que se libera. Sin embargo, el metano no permanece en la atmósfera tanto tiempo como el dióxido de carbono.

Dicho de forma simplificada, la mayoría de la gente agrupa los distintos gases de efecto invernadero en una sola medida conocida como «equivalentes de dióxido de carbono» (a veces abreviado como CO_2e). La utilizamos porque hay que tener en cuenta que, aunque algunos gases atrapan más calor que el dióxido de carbono, duran menos en la atmósfera. Por desgracia, se trata de una medida imperfecta. Al final, lo que importa no es la cantidad de emisiones de gases de efecto invernadero, sino el calentamiento y su impacto en los seres humanos. Y, en ese aspecto, un gas como el metano es mucho peor que el dióxido de carbono. Incrementa la temperatura de inmediato y de forma considerable. Cuando empleamos los equivalentes de dióxido de carbono, no contemplamos este efecto a corto plazo.

Aun así, son el mejor método de que disponemos para contar las emisiones y suelen manejarse en los debates sobre el cambio climático, de modo que los utilizaré en este libro. Los 51.000 millones de toneladas que he mencionado son las emisiones mundiales anuales expresadas en equivalentes de dióxido de carbono. En otras fuentes se habla de 37.000 millones —cantidad que solo incluye el dióxido de carbono, no los demás gases de efecto invernadero— o de 10.000 millones, que representa únicamente la cantidad de carbono propiamente dicho. En aras de la variedad, y porque leer «gases de efecto invernadero» cien veces puede ponerle los ojos vidriosos a cualquiera, en ocasiones uso «carbono» como sinónimo de dióxido de carbono y el resto de los gases.

Las emisiones de gases de efecto invernadero han aumentado de forma espectacular desde la década de 1850 debido a actividades humanas, como la quema de combustibles fósiles. Echemos un vistazo a los gráficos de la página 38. El de la izquierda muestra cuánto han crecido las emisiones de dióxido de carbono desde 1850, y el de la derecha, cuánto se ha incrementado la temperatura media mundial.

¿Cómo provocan el calentamiento los gases de efecto invernadero? La respuesta breve es que absorben calor y lo atrapan en la atmósfera. Actúan como un invernadero; de ahí su nombre.

Todos hemos visto el efecto invernadero en acción a una escala muy distinta, cada vez que dejamos el coche aparcado a pleno sol: el parabrisas permite que entren los rayos solares y atrapa parte de esa energía. Por eso el aire en el interior del vehículo llega a calentarse mucho más que en el exterior.

Esta explicación, no obstante, no hace más que dar pie a otras preguntas. ¿Cómo es posible que el calor del sol atraviese los gases de efecto invernadero cuando llega a la tierra y luego se quede atrapado en la atmósfera debido a esos mismos gases? ¿Acaso el dióxido de carbono funciona como una especie de espejo unidireccional gigante? Es más: si el dióxido de carbono y el metano atrapan el calor, ¿por qué el oxígeno no?

Las respuestas están en la química y la física. Como sin duda recordarás de las clases de física, todas las moléculas vibran; cuanto más rápida es la vibración, más calientes están. Cuando una radiación de determinadas longitudes de onda incide en ciertos tipos de moléculas, estas la bloquean, se empapan de su energía y vibran más deprisa.

Sin embargo, no toda la radiación tiene las longitudes de onda que se requieren para producir este efecto. La luz del sol, por ejemplo, atraviesa casi todos los gases de efecto invernadero sin que estos la absorban. Casi toda llega hasta la superficie de la tierra y la calienta, como lleva haciendo millones de años.

Pero ocurre lo siguiente: la tierra no conserva toda esa energía para siempre; de lo contrario, haría un calor insoportable en todo el planeta. En cambio, irradia de vuelta hacia el espacio parte de la energía, una fracción de la cual se encuentra justo en la gama de longitudes de onda adecuada para que la absorban los gases de efecto invernadero. En lugar de proseguir su viaje hacia el vacío de forma inocua, impacta en las moléculas de estos gases y las hace vibrar más rápido, lo que calienta la atmósfera. (Por cierto, debemos estar agradecidos al efecto invernadero; sin él, el planeta sería demasiado frío para resultar habitable. El problema es que los gases de efecto invernadero adicionales potencian cada vez más este efecto.)

¿Por qué no todos los gases se comportan de ese modo? Porque las moléculas con dos copias del mismo átomo —por ejemplo, las de nitrógeno u oxígeno— dejan pasar la radiación. Solo las moléculas formadas por átomos distintos, como las del dióxido de carbono y el metano, poseen la estructura indicada para absorber la radiación y comenzar a calentarse.

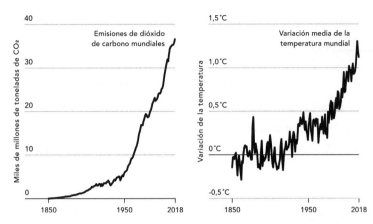

Las emisiones de dióxido de carbono se incrementan, y la temperatura global también. A la izquierda vemos cómo las emisiones de dióxido de carbono derivadas de procesos industriales y la quema de combustibles fósiles han crecido desde 1850. A la derecha se aprecia que la temperatura media mundial aumenta a la par que las emisiones. (Global Carbon Budget 2019; Berkeley Earth.)[2]

Así pues, esta es la primera parte de la respuesta a la pregunta «¿Por qué tenemos que llegar a las cero emisiones?»: porque cada pizca de carbono que añadimos a la atmósfera contribuye al efecto invernadero. No se puede engañar a la física.

La segunda parte de la respuesta guarda relación con el impacto que todos esos gases de efecto invernadero ejercen en el clima y en nosotros.

Lo que sabemos y lo que no

Los científicos aún tienen mucho que aprender sobre cómo y por qué cambia el clima. Los informes del IPCC reconocen sin tapujos que existe cierta incertidumbre respecto a cuánto y con qué rapidez subirá la temperatura, por ejemplo, así como respecto a qué efecto tendrá esa subida.

Un problema reside en que los modelos informáticos no son ni mucho menos perfectos. El clima es un sistema de una complejidad extraordinaria, y hay muchas cosas que no entendemos, por ejemplo, cómo afectan las nubes al calentamiento o qué impacto tiene todo el calor añadido en los ecosistemas. Los investigadores están identificando e intentando rellenar estas lagunas.

Aun así, también son muchas las cosas que los científicos saben y pueden afirmar con certeza qué ocurrirá si no llegamos a las cero emisiones. He aquí unos puntos clave.

La tierra se está calentando a causa de la actividad humana, lo que está teniendo unos efectos negativos que se agravarán mucho. Nos sobran motivos para creer que en algún momento dichos efectos serán catastróficos. ¿Llegaremos a ese punto dentro de treinta años? ¿Cincuenta? No lo sabemos con exactitud, pero, considerando lo difícil que será resolver el problema, incluso si faltan cincuenta años para que ocurra lo peor, debemos actuar cuanto antes.

Ya hemos elevado la temperatura en al menos un grado desde la era preindustrial y, de no reducir las emisiones, probablemente se habrá producido un calentamiento de entre un grado y medio y tres grados hacia 2050, y de entre cuatro y ocho grados a finales de siglo.

Todo este calor adicional ocasionará varios cambios en el clima. Antes de explicar lo que nos espera, debo hacer una advertencia: aunque podemos predecir a grandes rasgos el rumbo de las tendencias generales, como «habrá más días calurosos» y «subirá el nivel del mar», no podemos culpar con certeza al cambio climático de sucesos concretos. Por ejemplo, cuando se produce una ola de calor, desconocemos si la única causa es el cambio climático. Lo que sí sabemos es en qué medida ha incrementado el cambio climático las probabilidades de que se produzca esa ola de calor. En cuanto a los huracanes, no queda claro si los océanos más calientes están causando un aumento del número de tormentas, pero existen indicios crecientes de que, debido al cambio climático, estas tormentas son cada vez más húmedas, y las de mayor intensidad, cada vez más frecuentes. Tampoco sabemos hasta qué punto estos sucesos extremos interaccionarán unos con otros para dar lugar a consecuencias aún más graves.

¿Qué más sabemos?

Para empezar, que habrá más días tórridos. Podría aportar estadísticas de ciudades de todo Estados Unidos, pero elegiré solo Albuquerque, Nuevo México, porque tengo un vínculo especial con el lugar. Fue allí donde Paul Allen y yo fundamos Microsoft en 1975 (Micro-Soft, para ser del todo exactos; tomamos la acertada decisión de eliminar el guion y poner la S en minúscula un par de años después). A mediados de la década de 1970, cuando estábamos empezando, la temperatura en Albuquerque superaba los treinta y dos grados un promedio de treinta y seis veces al año. Hacia 2050, los termómetros rebasarán esta cifra con una frecuencia por lo menos dos veces mayor. A finales de este siglo, la ciudad podría tener hasta ciento catorce días así de calurosos al año. Es decir, la suma total de días de calor intenso pasará de un mes a tres meses al año.

No en todo el mundo sufrirán por igual la llegada de días más cálidos y húmedos. Por ejemplo, la zona de Seattle, adonde Paul y yo trasladamos Microsoft en 1979, con toda seguridad saldrá relativamente bien librada. Es posible que a medida que transcurra este siglo alcancemos los treinta y dos grados hasta catorce días, después de haber tenido un promedio de solo uno o dos en la década de 1970. Incluso hay sitios que quizá se vean beneficiados por el calentamiento climático. En las regiones frías, por ejemplo, morirán menos personas de hipotermia y gripe, y caldear los hogares y las oficinas costará menos dinero.

Sin embargo, la tendencia a escala mundial apunta a que un clima más caluroso acarreará problemas. Todo ese calor añadido desatará reacciones en cadena; las tormentas, por ejemplo, son cada vez peores. Los científicos siguen debatiendo sobre si su frecuencia se ha incrementado o no debido al calor, pero en general parece que se están volviendo más violentas. Sabemos que cuando la temperatura media asciende, más agua de la superficie se evapora y asciende a la atmósfera. El vapor de agua es un gas de efecto invernadero, pero, a diferencia del dióxido de carbono o el metano, no permanece mucho tiempo en el aire; acaba por precipitarse de nuevo a la superficie en forma de lluvia o nieve. Cuando el vapor de agua se condensa y llueve, libera una cantidad enorme de energía, como sabe todo aquel que ha presenciado alguna fuerte tormenta eléctrica.

Hasta la tormenta más intensa dura a lo sumo unos días, pero sus repercusiones pueden persistir años. Por un lado, está la pérdida de vidas, una tragedia en sí misma que deja a los supervivientes desconsolados y, a menudo, en la miseria. Por otro, los huracanes y las inundaciones destruyen edificios, carreteras y tendidos eléctricos que llevó años construir. A la larga, todas estas cosas pueden reconstruirse, por supuesto, pero eso absorbe tiempo y recursos que podrían invertirse en el crecimiento de la economía. Obliga a la sociedad a esforzarse por volver a la situación anterior en vez de progresar. Según un estudio, en 2017 el huracán María revirtió las infraestructuras de Puerto Rico al estado en que se encontraban más de dos décadas atrás.[3] ¿Cuánto tiempo falta para que otra tormenta lo haga retroceder de nuevo? Lo desconocemos.

Estas tormentas más intensas están provocando una situación extraña en la que se mezclan la sobreabundancia y la escasez: mientras en algunos lugares llueve más, otros padecen sequías cada vez más frecuentes y severas. El aire caliente retiene más humedad y, a medida que sube su temperatura, está más sediento y embebe más agua del suelo. Cuando el siglo toque a su fin, las tierras del sudoeste

Según un estudio, el huracán María hizo retroceder dos décadas la red eléctrica y otras infraestructuras de Puerto Rico.[4]

de Estados Unidos contendrán entre un 10 y un 20 por ciento menos de humedad, y el riesgo de sequía en la zona se incrementará en al menos un 20 por ciento. La amenaza de sequía se cierne también sobre el río Colorado, que proporciona agua potable a casi 40 millones de personas y agua de riego para más de una séptima parte de todos los cultivos estadounidenses.

Un clima más cálido traerá consigo incendios forestales más frecuentes y destructivos. El aire caliente absorbe la humedad de las plantas y la tierra, lo que las hace más propensas a arder. Se registran grandes variaciones en el mundo, porque las condiciones cambian mucho de un lugar a otro, pero California constituye un ejemplo dramático de lo que está ocurriendo. Allí los incendios forestales se han vuelto cinco veces más frecuentes que en los setenta, en gran parte porque la temporada de riesgo de incendios se está alargando y en los bosques californianos hay mucha más leña seca que prende con facilidad. Según el gobierno de Estados Unidos, la mitad de este incremento se debe al cambio climático, y en medio siglo la destrucción por incendios en el país podría duplicarse respecto a la actual.[5] Esto debería resultar preocupante para todo aquel que recuerde la devastadora temporada de incendios de 2020 en Estados Unidos.

Otro efecto del calor añadido es el ascenso de los niveles del mar. Obedece en parte a que el hielo polar se derrite, y en parte a que el agua del mar se expande al calentarse. (Lo mismo sucede con el metal, por eso podemos aflojar un anillo atascado en el dedo colocándolo bajo un chorro de agua caliente.) Aunque el aumento previsto del nivel medio del mar —probablemente más de un metro para el año 2100— puede no parecer gran cosa, la marea ascendente perjudicará a unos lugares mucho más que a otros. Las zonas costeras se encuentran en una situación delicada, como cabe imaginar, pero lo mismo ocurre con ciudades construidas sobre terrenos especialmente porosos. En Miami ya está subiendo agua de mar por los colectores pluviales, incluso cuando no llueve —algo que se conoce como «inundaciones secas»—, y la situación no va a mejorar. De acuerdo con el panorama moderado planteado por el IPCC, en 2100 el nivel del mar en torno a Miami habrá ascendido casi sesenta centímetros. Por otro lado, hay partes de la ciudad que se están asentando —o, en esencia, hundiendo—, lo que podría sumar treinta centímetros más de agua.

La crecida de los niveles del mar tendrá consecuencias aún peores para las personas más desfavorecidas del mundo. Bangladesh, un país en desarrollo que está realizando avances significativos para dejar atrás la pobreza, constituye un ejemplo excelente. Siempre ha sufrido los embates de los elementos; con cientos de kilómetros de costa bañada por la bahía de Bengala, buena parte del territorio nacional radica en deltas anegadizos de baja altitud y registra precipitaciones torrenciales a lo largo del año. Sin embargo, el clima cambiante está haciendo la vida aún más difícil a sus habitantes. A causa de los ciclones, mareas de tempestad y crecidas fluviales, en la actualidad es habitual que entre el 20 y el 30 por ciento del territorio de Bangladesh se encuentre sumergido, con inundaciones que arrasan cultivos y casas y matan a gente por todo el país.

Por último, el calor adicional y el dióxido de carbono que lo ocasiona están afectando a las plantas y los animales. Según investigaciones citadas por el IPCC, un incremento de dos grados centígrados reduciría el área de distribución geográfica de los vertebrados en un 8 por ciento, la de las plantas en un 16 por ciento y la de los insectos en un 18 por ciento.[6]

En cuanto a los alimentos que consumimos, las perspectivas son variadas, aunque predominan las sombrías. Por un lado, el trigo y muchas otras plantas crecen más deprisa y requieren menos agua cuando hay una gran cantidad de carbono en el aire. Por otro, el maíz es especialmente sensible al calor y es el principal cultivo de Estados Unidos, con un valor de más de 50.000 millones de dólares al año.[7] Solo en el estado de Iowa, los maizales ocupan más de cinco millones de hectáreas.[8]

A escala mundial, existe una amplia variedad de maneras en que el cambio climático podría incidir en la cantidad de alimentos que se obtienen de cada hectárea cultivada. En algunas regiones del norte, el rendimiento podría aumentar, pero en la mayoría de los lugares bajará desde unos pocos puntos porcentuales hasta cerca de un 50 por ciento. El cambio climático podría reducir a la mitad la producción de trigo y maíz en el sur de Europa. En el África subsahariana, es posible que la temporada de cultivo se acorte en un 20 por ciento y que millones de hectáreas de tierra se vuelvan considerablemente más áridas. En las comunidades pobres, donde mucha gente ya gasta más de la mitad de sus ingresos en comida, los precios de los alimentos podrían subir un 20 por ciento o más. Las sequías extremas en China —cuyo sector agrícola abastece de trigo, arroz y maíz a una quinta parte de la población mundial— podrían desencadenar una crisis alimentaria regional o incluso mundial.

El calor añadido no beneficiará a los animales que nos comemos y de los que obtenemos la leche; los hará menos productivos y más proclives a morir jóvenes, lo que a su vez encarecerá la carne, los huevos y los lácteos. Las comunidades que viven de la pesca también experimentarán problemas, porque los mares no solo se están calentando, también se están bifurcando, es decir, se están dividiendo en zonas donde el agua contiene más oxígeno y zonas donde contiene menos. Como resultado, los peces y otros seres marinos se trasladan de aguas o simplemente se mueren. Si la temperatura aumenta dos grados, los arrecifes de coral podrían desaparecer del todo, lo que implicaría la destrucción de una fuente de productos del mar fundamental para más de mil millones de personas.

Llueve sobre mojado

Podría parecer que una diferencia de entre un grado y medio y dos grados no es tan importante, pero los climatólogos han ejecutado simulaciones basadas en ambos escenarios, y el resultado no es alentador. En muchos sentidos, un aumento de dos grados no solo sería un 33 por ciento peor que el de un grado y medio, sino que podría llegar a ser hasta un cien por cien peor. El doble de personas tendrían dificultades para conseguir agua limpia. La producción de maíz en los trópicos disminuiría el doble.

Cualquiera de estos efectos del cambio climático sería nefasto por sí solo. Pero no habrá nadie que sufra únicamente a causa de los días calurosos o las inundaciones. El clima no funciona así. Los efectos del cambio climático son acumulativos.

A medida que suban las temperaturas, por ejemplo, los mosquitos se instalarán en otros lugares (les gusta la humedad, de modo que abandonarán las zonas más secas en busca de otras más húmedas), así que surgirán casos de malaria y otras enfermedades transmitidas por insectos en sitios donde nunca se habían dado.

Los golpes de calor se convertirán también en un problema grave, debido nada menos que a la humedad. El aire solo puede almacenar una cantidad limitada de vapor de agua antes de saturarse hasta el punto de que ya no puede absorber más humedad. ¿Qué importancia tiene esto? La capacidad del cuerpo humano para enfriarse depende a su vez de la capacidad del aire para absorber el sudor que se evapora. Si el aire no puede absorber tu sudor, no te refrescarás por mucho que transpires. La transpiración simplemente no tiene adónde ir. Tu temperatura corporal se mantiene demasiado alta y, si la situación no cambia, puedes morir a causa de un golpe de calor en cuestión de horas.

Los golpes de calor, por supuesto, no constituyen un fenómeno nuevo. Sin embargo, a medida que la atmósfera se caliente y se cargue de humedad, el problema se agravará. En las regiones más expuestas a este peligro —el golfo Pérsico, el sur de Asia y algunas zonas de China—, habrá épocas del año en que cientos de millones de personas corran el riesgo de morir.

Como muestra de lo que sucede cuando estos efectos empiezan a acumularse, veamos el impacto que tendrán en los individuos. Imagina que eres un joven y próspero ganadero y agricultor que cultiva maíz y soja en Nebraska en el año 2050. ¿Cómo os afectaría el cambio climático a ti y a tu familia?

Estás en medio de Estados Unidos, lejos de la costa, la crecida de los niveles del mar no te perjudicará de forma directa. El calor, sí. En la década de 2010, cuando eras niño, la temperatura superaba los 32 grados unos treinta y tres días al año; hoy eso ocurre entre sesenta y cinco y setenta veces al año. La lluvia también es mucho menos fiable. Durante tu infancia podías contar con unos 630 milímetros anuales; ahora hay años en que se reduce a 550 milímetros y otros en que aumenta hasta 740 milímetros.

A lo mejor has acondicionado tu explotación agrícola tanto para los días más cálidos como para la imprevisibilidad pluvial. Años atrás, invertiste en nuevas variedades de plantas que toleran el calor adicional y has encontrado soluciones alternativas que te permiten permanecer bajo techo durante las horas más tórridas del día. No te encantó gastar dinero en esas plantas y arreglos, pero prefieres eso a la alternativa.

Un día, se desata una fuerte tormenta de improviso. Los ríos desbordan los diques que llevan siglos conteniendo las aguas, y se te inunda la finca. Se trata de una de esas crecidas a las que tus padres se habrían referido como «la inundación de cada cien años», pero a partir de ahora te sentirás afortunado si solo se produce una cada década. El agua se lleva por delante una parte importante de los cultivos de maíz y soja, y el grano almacenado acaba tan empapado que se pudre y no te queda otra que desecharlo. En teoría, podrías vender el ganado para compensar las pérdidas, pero todo el pienso se ha visto arrastrado por la crecida, así que no podrás mantener a los animales con vida durante mucho tiempo.

Al final, las aguas vuelven a su cauce y descubres que las carreteras, los puentes y las vías férreas cercanas han quedado inutilizados. Eso no solo te impide enviar el grano que has podido salvar; también dificulta que los camiones te entreguen las semillas que necesitas para la siguiente temporada de siembra, suponiendo que los campos aún estén en condiciones. Todo un desastre que podría acabar con tu carrera de agricultor y obligarte a vender terrenos que han pertenecido a tu familia durante generaciones.

Podría parecer que he elegido de forma interesada el ejemplo más extremo, pero lo cierto es que ya están ocurriendo cosas así, sobre todo a agricultores pobres, y dentro de unas décadas sucederán a muchas más personas. Y, aunque he pintado un cuadro bastante desolador, si adoptamos una perspectiva global, veremos que las cosas serán mucho más duras para los mil millones de personas más desfavorecidas del mundo, gente a la que ya le cuesta salir adelante y a la que le costará aún más a medida que el clima empeore.

Ahora imagina que eres una mujer de la India rural y que tanto tú como tu esposo vivís de la agricultura de subsistencia, lo que significa que entre vosotros y vuestros hijos consumís casi todos los alimentos que producís. En ocasiones, en temporadas especialmente buenas, os sobra lo suficiente para venderlo y comprar medicinas para los niños o enviarlos a la escuela. Por desgracia, las olas de calor se han hecho tan habituales que la vida en la aldea se está volviendo insostenible —ya no es raro que el termómetro supere los 48 grados durante varios días seguidos—, y entre las altas temperaturas y las plagas que por primera vez infestan los campos, resulta casi imposible mantener con vida los cultivos. Aunque los monzones han inundado otras regiones del país, tu comunidad ha recibido menos precipitaciones de lo normal, por lo que encontrar agua es tan difícil que sobrevivís a base del chorrito que sale de una tubería en la que se restablece el suministro unas pocas veces por semana. Cada día resulta más complicado alimentar a la familia.

Ya habéis enviado a vuestro hijo mayor a trabajar en una gran ciudad situada a cientos de kilómetros de distancia porque no podíais costear sus necesidades básicas. Uno de vuestros vecinos se suicidó por su incapacidad para seguir manteniendo a su familia. ¿Debéis tú y tu marido quedaros en la aldea e intentar vivir de las tierras que conocéis o abandonarlas y mudaros a una zona más urbana para intentar ganaros la vida allí?

Es un dilema desgarrador, pero mucha gente en el mundo ya se está viendo obligada a tomar decisiones parecidas, con resultados descorazonadores. Debido a la peor sequía jamás registrada en Siria —que duró desde 2007 hasta 2010—, cerca de 1,5 millones de personas emigraron de las zonas agrícolas a las ciudades, lo que contribuyó a abonar el terreno para el conflicto armado que se desencadenó en 2011. El cambio climático multiplicó por tres las probabilidades de que se produjera una sequía así.[9] En 2018, ya había cerca de 13 millones de sirios desplazados.

Este problema no hará sino empeorar. Un estudio sobre la relación entre los choques climáticos y las solicitudes de asilo para la Unión Europea reveló que, incluso con un calentamiento moderado, estas solicitudes podrían aumentar en un 28 por ciento, hasta 450.000 al año, antes de final de siglo.[10] El mismo estudio calculaba que para 2080 el rendimiento menor de los cultivos provocaría que entre el 2 y el 10 por ciento de los adultos mexicanos intentaran cruzar la frontera con Estados Unidos.

Planteemos el asunto en términos con los que puedan identificarse todos los que están viviendo la pandemia de la COVID-19. Si queremos entender la magnitud de los daños que traerá consigo el cambio climático, imaginemos que el sufrimiento ocasionado por el coronavirus se prolongara durante un período mucho más largo. La pérdida de vidas y el dolor causados por la pandemia son equivalentes a los que sobrevendrán con regularidad si no eliminamos las emisiones de carbono en todo el mundo.

Empecemos por la pérdida de vidas. ¿Cuántas personas fallecerán debido a la COVID-19 en comparación con el cambio climático? Como queremos contraponer sucesos que tienen lugar en momentos distintos —la pandemia en 2020 y el cambio climático hacia 2030— y la población mundial cambiará durante ese tiempo, no podemos cotejar las cifras absolutas de muertes. En lugar de eso, nos basaremos en la tasa de mortalidad, es decir, el número de decesos por cada cien mil habitantes.

Si promediamos los datos de las pandemias de la gripe de 1918 y de la COVID-19 a lo largo de un siglo, podemos hacer un cálculo aproximado del incremento de la tasa de mortalidad global causado por una pandemia mundial: unas 14 muertes por cada cien mil personas al año.

¿Cómo se compara esto con el cambio climático? Se prevé que, para mediados de este siglo, el aumento de las temperaturas ocasionará un incremento igual en las tasas de mortalidad globales: 14 muertes por cada cien mil habitantes. A finales de siglo, si el crecimiento de las emisiones continúa siendo elevado, el cambio climático podría ser responsable de 75 muertes más por cada cien mil personas.

En otras palabras, para el año 2050 el cambio climático podría resultar tan mortífero como el nuevo coronavirus, y para 2100, cinco veces más mortífero.

El panorama económico también es sombrío. Las consecuencias probables del cambio climático y de la COVID-19 varían de forma considerable en función del modelo económico con el que se trabaje. La conclusión, no obstante, es inequívoca: en la década que viene o en las próximas dos décadas, el cambio climático seguramente causará perjuicios tan graves como una pandemia de magnitud similar a la de la COVID-19 cada diez años. Y para finales del siglo XXI serán aún peores si el mundo no endereza el rumbo en cuestión de emisiones.*

Es posible que muchas predicciones incluidas en este capítulo te resulten familiares si has seguido las noticias sobre el cambio climático. Sin embargo, a medida que ascienda la temperatura, estos problemas serán cada vez más frecuentes, más graves y afectarán a más gente. Por otra parte, existe la posibilidad de que se produzca una alteración climática catastrófica y relativamente repentina si, por ejemplo, grandes extensiones del suelo permanentemente congelado de la tierra (también llamado «permafrost») se calientan lo suficiente para fundirse y liberan las ingentes cantidades de gases de efecto invernadero, sobre todo metano, que permanecen atrapados en su interior.

A pesar de que aún reina la incertidumbre sobre algunas cuestiones científicas, poseemos los conocimientos suficientes para saber que lo que se avecina no es bueno. Hay dos cosas que cabe hacer al respecto:

Adaptación. Podemos intentar minimizar el impacto de los cambios que ya se han producido y de los que sabemos que vendrán. Como los más perjudicados por el cambio climático serán los más desfavorecidos del mundo, en su mayoría agricultores, la adaptación constituye uno de los principales focos de interés del equipo agropecuario de la Fundación Gates. Por ejemplo, estamos destinando fondos a numerosas investigaciones sobre nuevas va-

---

* El cálculo es el siguiente: según modelos recientes, el coste del cambio climático en 2030 será de entre el 0,85 y el 1,5 por ciento del PIB de Estados Unidos al año. Por otro lado, las últimas estimaciones sobre el impacto económico de la COVID-19 en Estados Unidos este año lo cifran en entre el 7 y el 10 por ciento del PIB. Si suponemos que este tipo de interrupciones de la actividad económica solo se produce una vez cada diez años, el coste medio anual sería de entre el 0,7 y el 1 por ciento del PIB, que equivale aproximadamente al de los daños previstos para el cambio climático.

riedades de cultivos resistentes a las sequías y las inundaciones, que se volverán más habituales y extremas en las próximas décadas. En el capítulo 9 ahondaremos en el tema de la adaptación y esbozaremos algunos de los pasos que hay que dar.

Atenuación. La mayor parte de este libro no trata sobre la adaptación. Trata sobre la otra medida que debemos tomar: dejar de aportar gases de efecto invernadero a la atmósfera. Si queremos tener alguna posibilidad de prevenir el desastre, los mayores emisores del mundo —los países más ricos— tendrán que alcanzar las emisiones netas nulas antes de 2050. Los países de renta media deberán cumplir el mismo objetivo poco después, y finalmente el resto del mundo habrá de seguir su ejemplo.

Algunas personas se oponen a la idea de que los países ricos deberían ser los primeros. «¿Por qué hemos de pagar el pato nosotros?» No es simplemente porque hemos causado gran parte del problema (aunque es cierto), sino también porque representa una magnífica oportunidad económica: los países que funden con éxito empresas e industrias neutras en carbono serán los que lideren la economía global en las próximas décadas.

Los países ricos son los mejor posicionados para desarrollar soluciones climáticas innovadoras; son los que cuentan con financiación del gobierno, universidades orientadas a la investigación, laboratorios nacionales y empresas emergentes que atraen talento de todo el mundo, por lo que tendrán que abrir el camino. Quien logre realizar grandes avances en materia de energía y demostrar que pueden funcionar a escala mundial y a bajo coste, encontrará multitud de clientes entusiastas en las economías en desarrollo.

A mi juicio, existen muchas vías para llegar a las cero emisiones. Antes de explorarlas en detalle, debemos evaluar la dificultad que entrañará el viaje.

2

NO SERÁ FÁCIL

Te ruego que no te desanimes por el título del capítulo. Espero que a estas alturas haya quedado claro que creo que podemos alcanzar la meta del cero, y en los capítulos siguientes intentaré explicarte a grandes rasgos por qué lo creo así y qué hará falta para conseguirlo. Pero no podemos solucionar un problema como el cambio climático sin analizar con sinceridad todo lo que tenemos que hacer y los obstáculos que debemos superar. Así que, desde la confianza en que encontraremos las soluciones —incluida la manera de llevar a cabo una transición rápida para abandonar los combustibles fósiles—, echemos un vistazo a los principales escollos a los que nos enfrentamos.

Los combustibles fósiles son como el agua. Soy un gran admirador del difunto escritor David Foster Wallace. (Estoy leyendo poco a poco todas sus obras como preparación para acometer su mastodóntica novela *La broma infinita*.) Cuando, en 2005, Wallace pronunció el discurso inicial, ahora famoso, en la ceremonia de graduación en el Kenyon College, comenzó con este cuento:

> Dos peces están nadando por ahí cuando de pronto se cruzan con un pez más viejo que los saluda con la cabeza y les

dice: «Buenas, chicos. ¿Qué tal está el agua?». Los dos peces más jóvenes siguen nadando un rato, hasta que uno se vuelve hacia el otro y pregunta: «¿Qué demonios es el agua?»*[1]

«La moraleja más inmediata del chiste de los peces —explicaba Wallace— es que las realidades más evidentes, omnipresentes e importantes suelen ser las más difíciles de ver y sobre las que más cuesta hablar.»

Lo mismo ocurre con los combustibles fósiles. Su presencia está tan generalizada que cuesta darse cuenta de todas las maneras en que afectan a nuestra vida, junto con otras fuentes de gases de efecto invernadero. Creo que puede ser útil comenzar por los objetos de uso cotidiano y continuar a partir de ahí.

¿Te has lavado los dientes esta mañana? El cepillo seguramente contiene plástico, un derivado del petróleo, que es un combustible fósil.

Si has desayunado, las gramíneas de las que proceden tus tostadas y tus cereales se cultivaron con un fertilizante cuya fabricación emite gases de efecto invernadero. Las cosechó un tractor hecho de

---

* Puedes encontrar el discurso íntegro, «This Is Water», en formato electrónico o en papel. Es maravilloso.

acero —que se elabora con combustibles fósiles mediante un proceso que libera carbono— y que funciona con gasolina. Si te has comido una hamburguesa para almorzar, como hago yo mismo de vez en cuando, la cría de vacuno contribuye a las emisiones de gases de efecto invernadero —las vacas se tiran eructos y pedos de metano—, al igual que el cultivo y la cosecha del trigo del que se compone el pan.

Si te has vestido, es posible que tu ropa contenga algodón, que también se fertiliza y se cosecha, o poliéster, producido a partir del etileno, otro derivado del petróleo. Si has utilizado papel higiénico, esto implica más árboles talados y más emisiones de carbono.

Si el vehículo en el que has ido al trabajo o a clase era eléctrico, genial (aunque probablemente se utilizó algún combustible fósil para generar esa electricidad). Si te has desplazado en tren, este circulaba sobre vías de acero y a través de túneles de cemento, un material que se fabrica con combustibles fósiles a través de un proceso que desprende carbono como subproducto. El coche o autobús en el que has viajado está hecho de acero y plástico. Lo mismo sucede con la bicicleta en la que montaste el fin de semana. Las carreteras por las que has conducido contienen cemento y asfalto, un derivado más del petróleo.

Si vives en un bloque de pisos, seguramente está rodeado de cemento. Si vives en una casa de madera, esta fue cortada y trabajada con máquinas con motor de gasolina, hechas a su vez de acero y plástico. Si tu hogar o tu oficina cuentan con calefacción o aire acondicionado, no solo gasta una cantidad considerable de energía, sino que el refrigerante del acondicionador de aire puede ser un potente gas de efecto invernadero. Si te encuentras sentado en una silla de metal o plástico, eso representa más emisiones.

Además, prácticamente todos esos objetos, desde el cepillo de dientes hasta los materiales de construcción, se transportaron desde algún sitio en camiones, aviones, trenes y barcos, todos construidos a base de combustibles fósiles e impulsados por ellos.

En otras palabras, los combustibles fósiles están por todas partes. Pensemos en el petróleo, por ejemplo: el mundo consume más de 15.000 millones de litros al día. Cuando un producto cualquiera se utiliza en esas cantidades, no es posible prescindir de él de la noche a la mañana.

Y, lo que es más, hay una muy buena razón para la omnipresencia de los combustibles fósiles: son muy baratos. «El petróleo es más barato que un refresco», dicen. La primera vez que lo oí, no me lo creía, pero es cierto. Hagamos números: un barril de petróleo contiene casi 159 litros; a un precio medio de 42 dólares por barril en 2020, sale a un dólar por litro.[2] Por otro lado, en Costco se pueden comprar ocho litros de refresco por seis dólares, lo que equivale a 0,75 dólares por litro.

Incluso teniendo en cuenta las fluctuaciones en el precio del petróleo, la conclusión viene a ser la misma: todos los días, personas de todo el mundo dependen de más de 15.000 millones de litros de un producto que cuesta menos que la Coca-Cola Light.

No es casualidad que los combustibles fósiles tengan un precio tan bajo. Son abundantes y fáciles de transportar. Hemos creado grandes multinacionales dedicadas a realizar perforaciones, a procesarlos y transportarlos, así como a desarrollar innovaciones que mantienen los precios bajos. Dichos precios no reflejan los daños que ocasionan, las maneras en que su extracción y quema contribuyen al cambio climático, la contaminación y la degradación medioambiental. Exploraremos esta cuestión más a fondo en el capítulo 10.

El mero hecho de pensar en este problema puede provocar vértigo, pero no tiene por qué paralizarnos. Si aprovechamos las fuentes limpias y renovables con las que ya contamos y, al mismo tiempo, llevamos a cabo avances en materia de energía neutra en carbono, descubriremos el modo de reducir las emisiones netas a cero. La clave reside en conseguir que las soluciones limpias sean tan baratas —o casi tan baratas— como la tecnología actual.

Sin embargo, debemos darnos prisa, porque...

No se trata solo de los países ricos. En casi todo el mundo, la gente vive más años y de forma más saludable. La calidad de vida está mejorando. Hay una demanda creciente de coches, carreteras, edificios, frigoríficos, ordenadores, aires acondicionados y la energía necesaria para que todo ello funcione. Como consecuencia, la cantidad de energía consumida por persona aumentará, y lo mismo ocurrirá con la cantidad de gases de efecto invernadero emitida

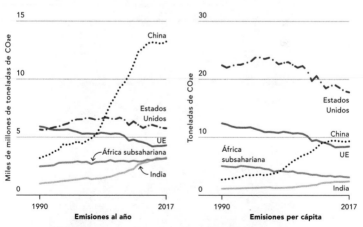

De dónde proceden las emisiones. Las emisiones de las economías avanzadas como Estados Unidos y Europa han permanecido más o menos constantes o incluso han descendido, mientras que las de muchos países en desarrollo aumentan a toda prisa. Esto se debe en parte a que los países más ricos han externalizado la producción industrial con un alto volumen de emisiones a los países más pobres.[3] (UN Population Division; Rhodium Group.)

por persona. Incluso la construcción de la infraestructura necesaria para generar toda esta energía —las turbinas eólicas, los paneles solares, los reactores nucleares y las instalaciones de almacenamiento de electricidad, entre otras cosas— comportará la emisión de más gases de efecto invernadero.

Sin embargo, no es solo que cada persona consumirá más energía; la población mundial también aumentará. Se calcula que alcanzará los 10.000 millones hacia finales de siglo. Además, gran parte de este incremento se está produciendo en ciudades con una mayor intensidad de emisiones. La velocidad del proceso de urbanización es sobrecogedora: el parque edificado del mundo —una

El mundo construirá el equivalente a una ciudad como Nueva York cada mes durante los próximos cuarenta años.[4]

medida basada tanto en el número de edificios como en su tamaño— se duplicará antes de 2060. Eso equivale a construir una
ciudad como Nueva York cada mes durante cuarenta años, y se
debe principalmente al crecimiento de los países en desarrollo
como China, India y Nigeria.

Supone una buena noticia para todos aquellos cuya calidad de
vida mejora, pero una mala noticia para el clima en el que vivimos
todos. Recordemos que casi el 40 por ciento de las emisiones del
mundo las produce el 16 por ciento más rico de la población (y eso
sin contar las que derivan de la elaboración de productos que se
fabrican en otros lugares pero se consumen en países desarrollados). ¿Qué sucederá a medida que más gente acceda al estilo de
vida del 16 por ciento más rico? La demanda de energía mundial
se incrementará un 50 por ciento antes de 2050 y, si la tendencia
no cambia, las emisiones de carbono aumentarán en la misma medida. Incluso si por arte de magia los países desarrollados alcanzaran la meta del cero hoy mismo, el resto del mundo seguiría emitiendo cada vez más.

Sería inmoral y poco práctico intentar evitar que quienes se
encuentran en los peldaños inferiores de la escala económica traten
de ascender. No podemos esperar que los pobres continúen sién-
dolo solo porque los países ricos vertieron demasiados gases de
efecto invernadero a la atmósfera, y, aunque quisiéramos, no habría manera de obligarlos. En lugar de eso, debemos lograr que las
personas de bajos ingresos suban por la escalera sin empeorar el
cambio climático. Tenemos que llegar al cero —generando más
energía que en la actualidad, pero sin añadir carbono a la atmósfera— lo antes posible.

Por desgracia...

La historia no está de nuestra parte. A juzgar por el tiempo que han tardado en consolidarse las transiciones anteriores, «lo antes posible» parece algo muy lejano. Ya hemos hecho cosas similares —pasar a depender de una fuente energética distinta—, y siempre nos ha llevado décadas y décadas. (Los mejores libros que he leído en torno al tema son *Energy Transitions* y *Energy Myths and Realities*, de Vaclav Smil, de los que he tomado prestadas ideas y datos.)

Durante gran parte de la historia de la humanidad, nuestras principales fuentes de energía han sido nuestros propios músculos, los animales que realizaban tareas como tirar del arado y las plantas que quemábamos. Los combustibles fósiles no representaban ni la mitad del consumo energético mundial hasta finales de la década de 1890. En China, su uso no se generalizó hasta la década

Muchos agricultores aún se ven obligados a emplear técnicas antiguas, uno de los factores que les impiden superar la pobreza. Merecen contar con maquinaria y soluciones modernas, pero hoy en día eso implica emitir más gases de efecto invernadero.[5]

de 1960. Hay zonas de Asia y el África subsahariana donde esta transición aún no se ha producido.[6]

Pensemos ahora en cuánto tardó el petróleo en volverse fundamental para la producción de energía.[7] Empezó a explotarse comercialmente en la década de 1860. Medio siglo después, representaba solo el 10 por ciento de la producción energética. Tardó treinta años más en llegar al 25 por ciento.

El gas natural siguió una trayectoria parecida.[8] En 1900 representaba el 1 por ciento de la energía del mundo. Tardó setenta años en alcanzar el 20 por ciento. La fisión nuclear, más rápida, pasó del 0 al 10 por ciento en veintisiete años.

Este gráfico muestra cómo crecieron varias fuentes de energía a lo largo de sesenta años. Entre 1840 y 1900, el carbón pasó de constituir el 5 por ciento de la producción de energía mundial a casi el 50 por ciento. En cambio, en los sesenta años que median entre 1930 y 1990, el gas natural llegó solo al 20 por ciento. En resumen, las transiciones energéticas llevan mucho tiempo.

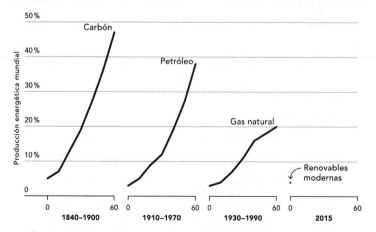

Lleva mucho tiempo adoptar nuevas fuentes de energía. Obsérvese que en sesenta años el carbón pasó de representar el 5 por ciento de la producción energética mundial a casi el 50 por ciento. En cambio, el gas natural solo llegó al 20 por ciento en el mismo lapso. (Vaclav Smil, Energy Transitions.)[9]

El problema no radica únicamente en el origen de los combustibles. También se tarda mucho en adoptar nuevos tipos de vehículos. El motor de combustión interna se introdujo en la década de 1880. ¿Cuánto tiempo tuvo que transcurrir para que la mitad de las familias urbanas dispusiera de coche? Entre treinta y cuarenta años en Estados Unidos, y entre setenta y ochenta años en Europa.

Es más, la necesidad actual de acometer una transición energética obedece a un factor que hasta ahora nunca nos había importado. En el pasado, cambiábamos de una fuente a otra porque la nueva era más barata y potente. Cuando dejamos de quemar tanta leña y empezamos a usar más carbón, por ejemplo, fue porque un kilo de carbón nos proporcionaba más luz y calor que un kilo de leña.

O analicemos un ejemplo más reciente en la historia de Estados Unidos. Utilizamos más gas natural y menos carbón para generar electricidad. ¿Por qué? Porque las nuevas técnicas de perforación lo abarataron mucho. Era una cuestión económica, no medioambiental. De hecho, que el gas natural sea mejor o peor que el carbón depende de cómo se calculen los equivalentes de dióxido de carbono. Algunos científicos sostienen que el gas puede potenciar el cambio climático incluso más que el carbón, en función de la cantidad que se filtre durante su procesamiento.[10]

A la larga, usaríamos cada vez más las renovables de forma espontánea, pero, por sí solo, este crecimiento se producirá con demasiada lentitud y, como veremos en el capítulo 4, si no va acompañado de la innovación, no bastará para llevarnos hasta la meta del cero. Tenemos que forzar la marcha para llevar a cabo una transición anormalmente rápida. Esto introduce un grado de complejidad —tanto en las políticas públicas como en la tecnología— al que nunca hemos tenido que enfrentarnos.

Y, a todo esto, ¿qué son tan lentas las transiciones energéticas? Porque...

Las centrales de carbón no son como los chips de los ordenadores. Sin duda habrás oído hablar de la Ley de Moore, la predicción formulada por Gordon Moore en 1965 según la cual la potencia de los microprocesadores se duplica cada dos años. Resultó que Gordon tenía razón, por supuesto, y la Ley de Moore es una de las razones por las que las industrias de la informática y el software despegaron con tanta fuerza. La creciente potencia de los procesadores permitió escribir mejores programas, y esto disparó la demanda de ordenadores, lo que por su parte incentivó a las empresas de hardware a seguir mejorando sus máquinas, gracias a lo cual el software es cada vez mejor, y así sucesivamente, en un bucle de retroalimentación positiva.

La Ley de Moore se cumple porque las empresas no dejan de descubrir nuevas maneras de crear transistores —los interruptores diminutos que hacen funcionar los ordenadores— cada vez más pequeños. Un chip fabricado hoy en día tiene aproximadamente un millón de veces más transistores que los que se fabricaban en 1970, lo que lo hace un millón de veces más potente.

Algunos creen que la Ley de Moore indica que podemos realizar el mismo progreso exponencial en lo que a la energía se refiere. Si los chips informáticos mejoran tanto tan deprisa, seguro que lo mismo puede ocurrir con los coches y los paneles solares, ¿no?

Por desgracia, no. Los chips representan la excepción. Mejoran porque encontramos el modo de abarrotarlos con cada vez más transistores, pero no existe un avance equivalente para lograr que los coches consuman una millonésima parte de gasolina. Recordemos que el primer Modelo T que salió de la línea de montaje de Henry Ford en 1908 rendía hasta nueve kilómetros por litro. Mientras escribo esto, el híbrido más avanzado del mercado recorre hasta 24,6 kilómetros por litro. En más de un siglo, la eficiencia energética de los coches ni siquiera ha llegado a triplicarse.

Los paneles solares tampoco se han vuelto un millón de veces mejores. Cuando en la década de los setenta se introdujeron las células fotovoltaicas de silicio cristalino, transformaban en electricidad cerca del 15 por ciento de la luz del sol que incidía en ellas. Hoy transforman aproximadamente un 25 por ciento. Se trata de una mejora considerable, pero muy alejada de la Ley de Moore.

La tecnología es solo una de las razones por las que la industria de la energía no puede cambiar tan deprisa como la informática. También está la cuestión del tamaño. La industria energética es sencillamente gigantesca; factura cerca de cinco billones de dólares al año, lo que la convierte en uno de los sectores más importantes del planeta. Todas las estructuras tan grandes y complejas son reacias al cambio. Además, de forma consciente o no, hemos fomentado mucho la inercia en la industria de la energía.

Para situarnos en contexto, analicemos cómo funciona el negocio del software. Aquello que sale a la venta no tiene que estar aprobado por ninguna agencia reguladora. Incluso si alguien saca al mercado un producto de software imperfecto, los clientes pueden entusiasmarse de todos modos y hacer sugerencias sobre cómo mejorarlo, siempre y cuando estén satisfechos con las prestaciones que reciben. Además, casi todos los costes se pagan por adelantado. Una vez desarrollado el producto, el coste marginal de fabricar más es cercano a cero.

Comparemos esto con la industria farmacéutica y de las vacunas. Sacar un medicamento nuevo al mercado es mucho más difícil que lanzar un nuevo producto de software. Y es normal, basta tener en cuenta que un fármaco que enferma a la gente es mucho peor que una aplicación con algunos fallos. Entre la investigación preclínica, el desarrollo del medicamento, la aprobación reglamentaria de los ensayos clínicos y todos los demás pasos requeridos, un fármaco tarda años en llegar a manos de los pacientes. Sin embargo, una vez que se consigue una pastilla que funciona, resulta muy barato elaborar más.

Ahora comparemos ambos ejemplos con la industria energética. Para empezar, hay costes de operación que siempre están ahí. Si se gastan mil millones de dólares en la construcción de una central de carbón, la siguiente que se construya no saldrá más barata. Además, los inversores que aportan ese dinero esperan que la central funcione durante treinta años, por lo menos. Si aparece una tecnología superior al cabo de diez años, el responsable de la vieja central no va a cerrarla para construir otra a menos que tenga un muy buen motivo, como una gran compensación económica o normas gubernamentales que lo obliguen.

Por otro lado, la sociedad demuestra escasa tolerancia a los riesgos en el sector energético, lo cual resulta comprensible. Exigimos un suministro de electricidad fiable; cada vez que el cliente pulse el interruptor, más vale que se encienda la luz. Además, nos preocupan los desastres. De hecho, las inquietudes sobre la seguridad han puesto fin a la construcción de centrales nucleares en Estados Unidos. Desde de los accidentes en Three Mile Island y Chernóbil, Estados Unidos solo ha iniciado la edificación de dos centrales nucleares, a pesar de que mueren más personas cada año a causa de la contaminación por carbón de las que han muerto en todas las catástrofes nucleares juntas.

Tenemos una motivación fuerte y comprensible para aferrarnos a lo que conocemos, incluso si lo que conocemos nos está matando.

Lo que debemos hacer es cambiar las motivaciones para poder construir un sistema energético con todas las características deseables (fiabilidad, seguridad) y ninguna de las indeseables (dependencia de los combustibles fósiles). Pero no será fácil, porque...

Nuestras leyes y normativas han quedado obsoletas. La expresión «política gubernamental» no despierta entusiasmo precisamente. Pero las políticas —desde las normas fiscales hasta las medioambientales— causan un impacto enorme en el comportamiento tanto de la gente como de las empresas. No alcanzaremos la meta del cero a menos que implantemos políticas adecuadas, y estamos muy lejos de ello. (Me refiero a Estados Unidos, aunque es aplicable a muchos otros países.)

El problema estriba en que muchas leyes y normas medioambientales no están diseñadas para combatir el cambio climático. Se adoptaron con la intención de solucionar otros problemas, y ahora tratamos de utilizarlas para reducir las emisiones. Es como intentar dotar de inteligencia artificial a un ordenador central de los sesenta.

Por ejemplo, la ley más conocida de Estados Unidos relativa a la calidad del aire, la Clean Air Act [ley para un aire limpio], apenas menciona los gases de efecto invernadero. No es de extrañar, dado que se aprobó en 1970 con el fin de reducir los riesgos para la salud de la contaminación atmosférica local, no para frenar el aumento de las temperaturas.

O pensemos en las normas de ahorro medio de energía para las empresas (Corporate Average Fuel Economy, o CAFE). Se implantaron en los setenta porque los precios del petróleo subían como la espuma y los estadounidenses querían coches que consumieran menos. La eficiencia energética está muy bien, pero ahora necesitamos poner en circulación más vehículos eléctricos, y las normas

CAFE no han resultado muy útiles para avanzar en ese sentido, pues no fueron concebidas con ese propósito.

Las políticas anticuadas no son el único problema. Nuestro enfoque sobre la cuestión del clima y la energía cambia con cada ciclo electoral. Cada cuatro u ocho años, en Washington se instala una nueva administración con sus propias prioridades energéticas. El hecho de cambiar las prioridades no tiene nada de malo en sí mismo —ocurre en todas las ramas del gobierno cada vez que una nueva administración toma las riendas—, pero pasa factura a los investigadores que dependen de las ayudas gubernamentales y a los emprendedores que dependen de los incentivos fiscales. Cuesta llevar a cabo progresos reales cuando cada pocos años mucha gente tiene que dejar de trabajar en un proyecto y embarcarse en otro desde cero.

El ciclo electoral también genera incertidumbre en el mercado privado. El gobierno ofrece diversas exenciones tributarias a las empresas para que aprovechen los avances en energías limpias. Sin embargo, su utilidad es limitada, porque la innovación energética resulta compleja y puede tardar años en rendir frutos. Uno puede pasarse años trabajando en una idea para de pronto encontrarse con que llega una nueva administración y elimina el incentivo con el que contaba.

En resumidas cuentas, las políticas energéticas actuales tendrán un impacto mínimo en las emisiones futuras. Podemos medir su efecto calculando el grado en que se habrán reducido las emisiones en 2030 como resultado de todas las medidas federales y estatales ya vigentes. En total, las reducciones sumarían unos 300 millones de toneladas, es decir, un 5 por ciento de las emisiones previstas para el año 2030.[11] Aunque no es despreciable, tampoco nos acercará lo suficiente a la meta del cero.

Lo que no significa que no podamos establecer políticas que

supongan una gran diferencia. Las normas CAFE y la Clean Air Act cumplieron con el propósito para el que se dictaron: los coches se volvieron más eficientes, y el aire, más limpio. Por otra parte, en la actualidad se han tomado medidas eficaces relacionadas con las emisiones, aunque no se hallan coordinadas entre sí ni contribuyen en conjunto a aminorar de forma significativa el problema del clima.

Creo que podemos conseguirlo, pero no será fácil. Para empezar, resulta mucho más sencillo introducir ajustes en una ley existente que formular una nueva legislación trascendental. Lleva mucho tiempo desarrollar una política nueva, calibrar la reacción pública, navegar por el sistema judicial si surgen escollos legales y, finalmente, implementarla. Por no hablar de que...

No existe un consenso sobre el clima tan claro como cabría suponer. No me refiero al 97 por ciento de los científicos, que coinciden en que el clima está cambiando debido a las actividades humanas. Es cierto que aún hay grupos pequeños pero ruidosos —y, en algunos casos, con poder político— que no encuentran convincentes los argumentos científicos. Pero incluso entre los que aceptan la realidad del cambio climático hay quienes no comulgan con la idea de que debemos invertir grandes cantidades de dinero en innovaciones para enfrentarnos a él.

Algunos alegan, por ejemplo: «Sí, el cambio climático está ocurriendo, pero no vale la pena gastar mucho para intentar detenerlo o adaptarnos a él. En lugar de eso, deberíamos conceder prioridad a otros factores que influyen más en el bienestar de las personas, como la salud o la educación».

Esta es mi respuesta: si no nos aproximamos al cero con rapidez, pasarán cosas malas (seguramente muchas) mientras la mayoría de nosotros aún estemos vivos, y cosas catastróficas en el lapso de una generación. Si no catalogamos el cambio climático como una amenaza para la existencia de la humanidad, las condiciones de vida de la mayoría se deteriorarán, y los pobres se empobrecerán aún más. Irá a peor hasta que dejemos de liberar gases de efecto invernadero a la atmósfera, por lo que merece figurar entre las máximas prioridades, como la salud o la educación.

Otro argumento que se esgrime a menudo es el siguiente: «Sí, el cambio climático es real, sus efectos serán negativos y disponemos de los recursos necesarios para pararlo. Nos bastará con las energías solar, eólica e hidráulica y unas pocas herramientas más. Todo es cuestión de tener la fuerza de voluntad para implementarlas».

Los capítulos 4 a 8 explican por qué no suscribo este razonamiento. Contamos con parte de los medios que necesitamos, pero ni por asomo con todos.

Existe otro obstáculo para alcanzar un consenso sobre el clima: la consabida complejidad de la cooperación internacional. Cuesta conseguir que todos los países del mundo se pongan de acuerdo en algo, sobre todo cuando esto les acarrea costes adicionales, como los que implicará frenar las emisiones de carbono. No hay un solo país dispuesto a pagar por reducir sus emisiones a menos que los demás lo hagan a su vez. De ahí que el Acuerdo de París, por el que más de ciento noventa países se comprometieron a limitar sus emisiones a medio y largo plazo, fuera un logro extraordinario; no porque los compromisos en sí representaran un avance espectacular —si todo el mundo los cumple, se producirá un descenso de las emisiones anuales de entre 3.000 millones y 6.000 millones de toneladas para el año 2030, menos del 12 por ciento de las emisiones actuales—, sino porque fue un punto de partida que demostró que la cooperación internacional es posible. La retirada de Estados

Unidos del Acuerdo de París de 2015, un paso que el recientemente elegido presidente estadounidense Joe Biden prometió que revertiría, solo demuestra que mantener los pactos internacionales resulta tan difícil como alcanzarlos.

En resumen: tenemos por delante una tarea titánica que no hemos acometido antes, y debemos realizarla con mucha mayor rapidez que otros procesos parecidos que hemos llevado a cabo. Para ello, necesitaremos multitud de avances en ciencia y en ingeniería. Tenemos que construir un consenso que no existe e instaurar políticas públicas para impulsar una transición que de otro modo jamás se produciría. Necesitamos que el sistema energético prescinda de todo aquello que no queremos y conserve todo lo que nos interesa; en otras palabras, que cambie por completo y a la vez permanezca igual.

Pero no desesperes. Podemos conseguirlo. Circulan numerosas ideas sobre cómo lograrlo, algunas más prometedoras que otras. En el siguiente capítulo, explicaré cómo intento distinguirlas.

3

CINCO PREGUNTAS QUE PLANTEAR EN TODA CONVERSACIÓN SOBRE EL CLIMA

C uando empecé a documentarme acerca del cambio climático, no dejaba de toparme con datos que me resultaban difíciles de digerir. Para empezar, las cifras eran tan desorbitadas que costaba visualizarlas. ¿Quién puede hacerse una idea de lo que son 51.000 millones de toneladas de gas?

Otro problema era que los datos con que me encontraba a menudo aparecían desprovistos de contexto. Un artículo afirmaba que un programa de intercambio de emisiones de Europa había reducido la huella de carbono del sector aeronáutico en 17 millones de toneladas al año. Sin duda parece mucho, pero ¿lo es en realidad? ¿Qué porcentaje del total representa? El artículo no lo especificaba. Las omisiones de esa clase eran sorprendentemente habituales.

Con el tiempo, desarrollé un esquema mental para asimilar lo que estaba aprendiendo. Esto me dotó de cierta intuición para saber si una cantidad era grande o pequeña, y cómo de caras podían ser las cosas. Me ayudó a identificar las ideas más prometedoras. He descubierto que este enfoque sirve para iniciarme en casi cualquier tema: primero intento formarme una idea general, lo que me proporciona un contexto en el que interpretar los datos nuevos. Además, hace que me resulte más sencillo recordarlos.

Sigo encontrando muy útil el esquema de cinco preguntas que se me ocurrió, tanto si estoy escuchando la propuesta de inversión de una empresa energética como charlando con un amigo durante una barbacoa en el jardín. Tal vez en un futuro próximo leerás un editorial que proponga alguna solución al problema del clima; sin duda oirás a políticos anunciar a bombo y platillo sus planes para luchar contra el cambio climático. Se trata de cuestiones complejas que se prestan a confusión. Este esquema te ayudará a separar el grano de la paja.

1. ¿De qué parte de los 51.000 millones de toneladas estamos hablando?

Cada vez que leo un texto que menciona cierta cantidad de gases de efecto invernadero, echo unas cuentas rápidas para convertirla en un porcentaje del total anual de 51.000 millones de toneladas. Para mí, tiene más sentido que otras comparaciones, como «tantas toneladas equivalen a retirar un coche de la circulación». ¿Quién sabe cuántos coches hay en circulación, para empezar, o cuántos hay que retirar para combatir el cambio climático?

Prefiero relacionarlo todo con el objetivo principal de dejar de emitir 51.000 millones de toneladas al año. Analicemos el ejemplo que he puesto al principio de este capítulo, el programa aeronáutico que está eliminando 17 millones de toneladas al año. Si lo dividimos entre 51.000 millones y calculamos el porcentaje que representa, vemos que se trata de una reducción del 0,03 por ciento de las emisiones mundiales anuales.

¿Podemos considerar esto una contribución significativa? Depende de la respuesta a esta pregunta: ¿es probable que el porcentaje aumente o permanecerá igual? Una cosa es que este programa empiece por suprimir 17 millones de toneladas pero tenga el potencial de reducir las emisiones en una cifra mucho mayor, y otra cosa muy distinta es que se estanque para siempre en 17 millones. Por desgracia, la respuesta no siempre es obvia (no lo era para mí cuando leí el artículo sobre el programa aeronáutico). No obstante, se trata de una pregunta importante.

En Breakthrough Energy solo financiamos tecnologías capaces de eliminar al menos 500 millones de toneladas al año si se implementan en su totalidad de forma eficaz. Eso vendría a ser el 1 por ciento de las emisiones mundiales. Las tecnologías que jamás conseguirán superar ese 1 por ciento no deberían competir por los limitados recursos con que contamos para alcanzar la meta del cero. Puede haber otras buenas razones para apoyarlas, pero la reducción significativa de emisiones no es una de ellas.

Por cierto, es posible que te hayas encontrado con referencias a gigatoneladas de gases de efecto invernadero. Una gigatonelada son mil millones (o 10^9, para quien prefiera la notación científica) de toneladas. Me parece que la mayoría de la gente no se hace una idea intuitiva de lo que supone una gigatonelada de gas. Además, suena más sencillo eliminar 51 gigatoneladas que 51.000 millones, aunque sean lo mismo. Así que continuaré hablando de miles de millones de toneladas.

Sugerencia: cada vez que veas una cantidad de gases expresada en toneladas, conviértela a un porcentaje de 51.000 millones, que es el total de emisiones anuales en la actualidad (en equivalentes de dióxido de carbono).

2. ¿Qué planeas hacer con el cemento?

Si hablamos de un plan exhaustivo para afrontar el cambio climático, debemos contemplar todo aquello que hacemos los humanos y que provoca emisiones de gases de efecto invernadero. Cosas como la electricidad y los coches atraen mucha atención, pero no son más que la punta del iceberg. Los turismos representan menos de la mitad de las emisiones derivadas del transporte, que a su vez constituyen el 16 por ciento de las emisiones totales.

Entretanto, la producción de acero y cemento por sí sola suma cerca del 10 por ciento de todas las emisiones. La pregunta «¿Qué planeas hacer con el cemento?» no es más que un recordatorio abreviado de que si alguien intenta formular un plan exhaustivo contra el cambio climático, debe considerar muchas otras cosas aparte de la electricidad y los coches.

He aquí un desglose de todas las actividades humanas que producen gases de efecto invernadero. No todo el mundo las divide exactamente en las mismas categorías, pero este es el análisis que me ha parecido más ilustrativo, y también el que utiliza el equipo de Breakthrough Energy.*

---

* Estos porcentajes representan emisiones de gases de efecto invernadero globales. Cuando se clasifican emisiones a partir de fuentes distintas, una de las decisiones que hay que tomar es cómo contabilizar los productos que generan emisiones tanto durante su fabricación como durante su uso. Por ejemplo, liberamos gases de efecto invernadero cuando refinamos el petróleo para obtener gasolina, y también después, cuando la quemamos. En este libro he incluido todas las emisiones derivadas de la producción en la categoría «Cómo fabricamos cosas», y todas las emisiones derivadas de su utilización en sus respectivas categorías. El refinado, por ejemplo, se clasifica bajo «Cómo fabricamos cosas», y la quema de gasolina, bajo «Cómo nos desplazamos». Lo mismo ocurre con coches, aviones y barcos. El acero de que están hechos se incluye en la categoría «Cómo fabricamos cosas», y las emisiones procedentes del carburante que queman, en «Cómo nos desplazamos».

Para eliminar las emisiones, hay que llegar al cero en cada una de estas categorías:

¿Cuánto gas de efecto invernadero emitimos con cada cosa que hacemos?	
Fabricar (cemento, acero, plástico)	31%
Consumir energía (electricidad)	27%
Cultivar y criar (plantas, animales)	19%
Desplazarnos (aviones, camiones, cargueros)	16%
Calentar o enfriar (calefacción, aire acondicionado, refrigeración)	7%

Tal vez te sorprenda descubrir que la producción de electricidad representa poco más de la cuarta parte de todas las emisiones. Por lo menos yo me quedé descolocado cuando me enteré. Como casi todos los artículos que leía sobre el cambio climático se centraban en la generación de electricidad, suponía que era la principal responsable.

La buena noticia es que, aunque la electricidad constituye solo el 27 por ciento del problema, podría representar más del 27 por ciento de la solución. La electricidad limpia nos permitiría usar cada vez menos hidrocarburos como combustible (y, por tanto, emitir menos dióxido de carbono). Pensemos en los coches y autobuses eléctricos; los sistemas eléctricos de calefacción y refrigeración de hogares y oficinas; en industrias que empleen electricidad en lugar de gas natural para fabricar sus productos. Por sí sola, la electricidad limpia no nos conducirá hasta la meta del cero, pero supondrá un paso fundamental.

Sugerencia: recuerda que las emisiones proceden de cinco actividades distintas y que necesitamos soluciones para todas ellas.

3. ¿De cuánta energía estamos hablando?

Esta pregunta surge sobre todo al leer artículos sobre la electricidad. Por ejemplo, es posible que alguno asegure que una central eléctrica nueva generará 500 megavatios. ¿Eso es mucho? Y, por cierto, ¿qué es un megavatio?

Un megavatio es un millón de vatios, y un vatio equivale a un julio por segundo. Para lo que nos ocupa, basta saber que el julio es una unidad de energía. Lo importante es que recuerdes que un vatio es una unidad de energía por segundo. Planteémoslo así: si estuviéramos midiendo el flujo del agua que sale del grifo de la cocina, podríamos contar el número de vasos que llena por segundo. Para calcular la potencia, hacemos algo parecido, pero midiendo el flujo de energía y no el del agua. Los vatios son análogos a los «vasos por segundo».

Un vatio es una unidad minúscula. Una bombilla incandescente pequeña consume unos 40 vatios. Un secador de pelo, 1.500 vatios. Una central eléctrica puede generar cientos de millones de vatios. La más grande del mundo, la de la presa de las Tres Gargantas, en China, produce hasta 22.000 millones de vatios. (No olvidemos que la definición de vatio ya incluye la expresión «por segundo», por lo que no existen los vatios por segundo o por hora. Son vatios a secas.)

Como estas cifras aumentan con rapidez, conviene añadir prefijos para abreviarlas. Un kilovatio equivale a mil vatios; un megavatio, a un millón de vatios; y un gigavatio, a mil millones de vatios. Los medios emplean a menudo estas formas abreviadas, así que yo las utilizaré también.

Las siguientes comparaciones me ayudan a verlo más claro:

¿Cuánta potencia consume...?[1]	
El mundo	**5.000 gigavatios**
Estados Unidos	**1.000 gigavatios**
Una ciudad mediana	**1 gigavatio**
Una población pequeña	**1 megavatio**
Un hogar estadounidense medio	**1 kilovatio**

Por supuesto, en cada una de estas categorías se producen variaciones considerables a lo largo del día y del año. Algunos hogares consumen mucha más electricidad que otros. La ciudad de Nueva York funciona con algo más de 12 gigavatios, dependiendo de la estación; Tokio, con una población más numerosa, necesita cerca de 23 gigavatios en promedio, aunque en verano, durante los picos de consumo, la demanda puede llegar a más de 50 gigavatios.

Así pues, pongamos que deseas suministrar electricidad a una ciudad mediana que requiere un gigavatio. ¿Bastaría con que construyeras una central de un gigavatio para garantizar a la población toda la energía eléctrica que necesita? No necesariamente. La respuesta depende de cuál sea la fuente de esa energía, porque algunas son más intermitentes que otras. Las centrales nucleares permanecen en funcionamiento las veinticuatro horas del día y solo cierran por mantenimiento o recarga de combustible. En cambio, como el viento no siempre sopla y el sol no siempre brilla, la capacidad efectiva de los parques eólicos o solares puede ser del 30 por ciento o menos. En promedio, producirán el 30 por ciento de los gigavatios que necesitas, lo que significa que deberás complementarlas con otras fuentes para obtener un gigavatio de forma fiable.

Sugerencia: cada vez que oigas la palabra «kilovatio» piensa en «casa». Cuando oigas «gigavatio», piensa en «ciudad». Si se mencionan cien gigavatios o más, piensa en «país grande».

4. ¿Cuánto espacio necesitarás?

Algunas fuentes de energía ocupan más espacio que otras. Esto es importante por una razón obvia: los terrenos y el agua disponibles son limitados. La cuestión del espacio no es ni mucho menos la única que hay que considerar, por supuesto, pero tiene su relevancia, y deberíamos hablar de ella más a menudo.

La medida clave en este caso es la densidad de potencia. Indica la potencia que se obtiene de fuentes distintas por extensión de tierra (o agua, si se trata de turbinas eólicas instaladas en el mar). Se expresa en vatios por metro cuadrado. A continuación, unos ejemplos:

¿Cuánta potencia generamos por metro cuadrado?

Fuente de energía	Vatios por metro cuadrado
Combustibles fósiles	500-10.000
Nuclear	500-1.000
Solar*	5-20
Hidráulica (presas)	5-50
Eólica	1-2
Leña y otras biomasas	Menos de 1

* En teoría, la densidad de potencia de la energía solar puede llegar a ser de hasta 100 vatios por metro cuadrado, pero nadie lo ha conseguido aún.

Nótese que la densidad de potencia de la energía solar es considerablemente más alta que la de la eólica. Si se quiere aprovechar el viento en lugar del sol, se requiere una superficie mucho más grande, siempre que no intervengan otros factores. Eso no significa que la energía eólica sea mala y la solar buena; significa que cada una tiene requisitos distintos que hay que debatir también.

Sugerencia: si alguien te dice que alguna fuente de energía (eólica, solar, nuclear o la que sea) puede abastecer al mundo de toda la energía que necesita, averigua cuánto espacio hará falta para generarla.

5. ¿Cuánto costará?

La razón por la que el mundo emite tantos gases de efecto invernadero es que las tecnologías energéticas actuales son, con diferencia, las más baratas disponibles (sin tener en cuenta los perjuicios a largo plazo que ocasionan). Así pues, lograr que nuestra mastodóntica economía energética abandone las tecnologías «sucias» y emisoras de carbono en beneficio de las tecnologías de cero emisiones conllevará un coste.

Pero ¿qué coste? En algunos casos podemos calcular la diferencia de forma directa. Si existe una versión sucia y otra limpia de lo mismo, basta con comparar los precios.

La mayoría de estas soluciones neutras en carbono son más caras que sus equivalentes basados en combustibles fósiles. En parte, esto se debe a que los precios de los combustibles fósiles no reflejan los daños medioambientales que causan, por lo que parecen más baratos que la alternativa. (En el capítulo 10 retomaremos el tema de la dificultad de calcular el coste del carbono.) Yo llamo a estos costes adicionales «primas verdes».*

Cada vez que mantengo una conversación sobre el cambio climático, las primas verdes no dejan de rondarme la cabeza. Como este concepto reaparecerá en los capítulos siguientes, quiero dedicar un momento a explicar qué significa.

No existe una sola prima verde. Hay muchas: para la electricidad, para los diversos carburantes, para el cemento, etcétera. La magnitud de la prima verde depende de lo que se sustituye y de

---

* He consultado a muchas personas respecto a la prima verde, entre ellas a varios expertos de Rhodium Group, Evolved Energy Research y al climatólogo Ken Caldeira. Si deseas más información sobre cómo se calcularon las primas verdes para este libro, visita breakthroughenergy.org.

aquello por lo que se sustituye. El coste del combustible para aviones neutro en carbono no es el mismo que el de la electricidad producida a partir de energía solar. He aquí un ejemplo de cómo funcionan las primas verdes en la práctica.

El precio medio de venta al público del combustible de aviación en Estados Unidos en los últimos años ha sido de 58 centavos de dólar por litro. Los biocombustibles avanzados para aviones cuestan en promedio 1,41 dólares por litro (cuando están disponibles). Por consiguiente, la prima verde para el combustible neutro en carbono es la diferencia entre estos dos precios, es decir, 83 centavos. Eso supone una prima de más del 140 por ciento (lo explicaré con más detalle en el capítulo 7).

En casos excepcionales, la prima verde puede ser negativa; en otras palabras, es posible que adoptar una tecnología verde resulte *más barato* que continuar usando combustibles fósiles. Por ejemplo, según donde vivas, quizá ahorres si reemplazas la caldera de gas natural y el aire acondicionado por una bomba de calor eléctrica. En Oakland, esto reduciría en un 14 por ciento tus gastos de climatización, mientras que en Houston el ahorro ascendería al 17 por ciento.

Cabría imaginar que una tecnología con una prima verde negativa ya se habría adoptado en todo el mundo. En líneas generales, así es, pero existe un desfase entre la aparición de una nueva tecnología y su implementación (sobre todo en cosas como las calderas domésticas, que no se cambian muy a menudo).

Una vez calculadas las primas verdes para todas las opciones neutras en carbono, se puede empezar a hablar en serio de si los sacrificios valen la pena o no. ¿Cuánto estamos dispuestos a pagar por abrazar las alternativas verdes? ¿Compraremos biocombustibles avanzados a un precio dos veces superior al del combustible para aviones? ¿Compraremos cemento verde, que cuesta el doble que el normal?

Por cierto, cuando pregunto «¿Cuánto estamos dispuestos a pagar?» me refiero a «nosotros» a una escala global. No se trata solo de lo que los estadounidenses o europeos podamos permitirnos. No cuesta imaginar primas verdes lo bastante elevadas como para que Estados Unidos esté dispuesto a pagarlas y en condiciones de pagarlas, pero India, China, Nigeria y México, no. Necesitamos primas tan bajas que permitan descarbonizarse a todo el mundo.

Hay que reconocer que las primas verdes son un blanco móvil. A la hora de calcularlas se dan muchas cosas por sentadas; al escribir este libro, he aceptado las que me parecían razonables, pero otras personas bien informadas podrían partir de supuestos distintos y llegar a resultados distintos. Más importante que los precios concretos es saber si una tecnología verde determinada es casi tan barata como su equivalente en combustibles fósiles y, para los casos en que no lo es, pensar en cómo la innovación puede reducir su precio.

Espero que las primas verdes que menciono en este libro den pie a una discusión más a fondo sobre la cuestión de los costes que acarreará la transición hacia el cero. Espero también que otras personas hagan sus propios cálculos de las primas, y me alegraría mucho descubrir que algunas no son tan altas como yo pensaba. Las que he calculado en este libro constituyen una herramienta imperfecta para comparar costes, pero mejor eso que nada.

En particular, las primas verdes son un instrumento estupendo para tomar decisiones. Nos ayudan a hacer un uso óptimo de nuestro tiempo, atención y dinero. Tras estudiar las distintas primas, podemos decidir qué soluciones neutras en carbono debemos implementar ya y en qué campos debemos buscar avances porque las alternativas limpias no son lo bastante económicas. Nos ayudan a responder a preguntas como estas:

¿Qué opciones neutras en carbono deberíamos implementar ya?
Respuesta: las que tengan una prima verde baja o nula. Si no estamos poniendo ya en práctica estas soluciones, es señal de que el coste no es el impedimento. Otro factor —como una política pública caduca o la falta de concienciación— nos impide desplegarlas a gran escala.

¿Hacia dónde debemos orientar los gastos en investigación y desarrollo, las inversiones iniciales y los esfuerzos de nuestros mejores inventores?
Respuesta: hacia donde decidamos que nuestras primas verdes son demasiado altas. Es allí donde el coste adicional de la opción neutra en carbono constituirá un obstáculo para la descarbonización y una oportunidad para las nuevas tecnologías, empresas y productos que la hagan asequible. Los países punteros en investigación y desarrollo pueden crear nuevos productos, abaratarlos y exportarlos a los lugares que no pueden pagar las primas actuales. Esto hará innecesarias las discusiones sobre si todos los países están arrimando el hombro para evitar un desastre climático; en cambio, estados y empresas competirán por desarrollar y comercializar las innovaciones asequibles que ayuden al mundo a alcanzar las cero emisiones.

Una última ventaja del concepto de primas verdes: puede funcionar como un sistema de medición que nos indique el progreso que hemos hecho en la lucha contra el cambio climático.

En este sentido, las primas verdes me recuerdan un problema con el que topamos Melinda y yo cuando empezamos a trabajar en el terreno de la salud global. Los expertos nos informaban de cuántos niños morían al año en todo el mundo, pero no podían decirnos gran cosa acerca de la causa de esas muertes. Sabíamos que cierto número de niños fallecían debido a la diarrea, pero ignorábamos qué la ocasionaba. ¿Cómo íbamos a determinar qué innovaciones podrían salvar vidas si no sabíamos por qué morían los niños?

Así pues, con la colaboración de socios de todo el mundo, financiamos varios estudios para averiguar qué estaba acabando con las vidas de esos niños. Al final, logramos rastrear las muertes con mucho más detalle y obtener datos que allanaron el camino hacia avances importantes. Descubrimos, por ejemplo, que la neumonía se hallaba detrás de una parte considerable de la mortalidad infantil anual. Aunque ya existía una vacuna neumocócica, era tan cara que los países pobres no la compraban (además, tenían pocos incentivos para comprarla, pues ignoraban cuántos niños fallecían a causa de esta enfermedad). Sin embargo, en cuanto vieron los datos —y varios donantes accedieron a sufragar buena parte del coste—, comenzaron a incluir la vacuna en sus programas de salud, y al cabo de un tiempo nos fue posible costear una mucho más barata que ahora se utiliza en multitud de países.

Las primas verdes pueden conseguir algo parecido respecto a las emisiones de gases de efecto invernadero. Nos ofrecen una perspectiva distinta de la de las cifras en bruto, que nos indican a qué distancia nos encontramos del objetivo pero no cuánto nos costará alcanzarlo. ¿Cuánto costaría utilizar las herramientas neutras en carbono de que disponemos en la actualidad? ¿Qué innovaciones ejercerían un mayor impacto sobre las emisiones? Las primas verdes responden a estas preguntas al determinar el precio que tendremos que pagar por llegar al cero, sector por sector, y al poner de relieve las áreas en las que deberemos innovar, del mismo modo que los datos nos indicaban que debíamos apostar fuerte por la vacuna neumocócica.

En algunos casos, como en el ejemplo del combustible para aviones citado antes, el enfoque directo para calcular las primas verdes es sencillo. Sin embargo, cuando lo aplicamos a nivel más general, surge un problema: no disponemos de equivalentes directos verdes para todo. No existe un cemento neutro en emisiones (al menos de momento). ¿Cómo podemos formarnos una idea aproximada del coste que tendría una solución verde en esos casos?

Podemos hacerlo por medio de un experimento mental. «¿Cuánto costaría retirar todo el carbono de la atmósfera directamente?» Esta idea tiene un nombre: se llama «captura directa de aire» o DAC, por sus siglas en inglés. (En pocas palabras, la DAC consiste en insuflar aire a través de un filtro que absorbe dióxido de carbono, que luego se guarda de forma segura.) Se trata de una tecnología cara y poco probada, pero, si diera buenos resultados a gran escala, nos permitiría capturar dióxido de carbono con independencia de cuándo y dónde se produjera. La planta de captura directa que ya está en funcionamiento, en Suiza, absorbe gases que bien podrían haber salido hace diez años de una termoeléctrica de carbón en Texas.

Para calcular cómo de caro saldría este sistema, solo necesitamos dos datos: la cantidad de emisiones mundiales y el coste de absorber emisiones utilizando la DAC.

El número de emisiones ya lo conocemos: son 51.000 millones de toneladas al año. En cuanto al coste que supone retirar del aire una tonelada de carbono, la cifra no se ha establecido de manera definitiva, pero es de al menos 200 dólares por tonelada. Creo que es realista esperar que, con un poco de innovación, se reduzca a 100 dólares por tonelada, así que me ceñiré a este número.

Lo que nos lleva a la siguiente ecuación:

51.000 millones de toneladas al año × 100 dólares por tonelada = 5,1 billones de dólares al año.

En otras palabras, la opción de utilizar la DAC para resolver el problema del clima costaría al menos 5,1 billones al año, cada año, mientras continuáramos produciendo emisiones. Eso representa cerca del 6 por ciento de la economía mundial. (Se trata de una suma estratosférica, aunque, en realidad, esta teórica tecnología DAC saldría mucho más barata que si intentáramos reducir las emisiones paralizando sectores de la economía, como hemos hecho durante la pandemia de la COVID-19. En Estados Unidos, según datos del Rhodium Group, el coste por tonelada para la economía oscilaba entre los 2.600 y los 3.300 dólares.[2] En la Unión Europea, se aproximaba más a los 4.000 dólares por tonelada. Dicho de otro modo, era entre veinticinco y cuarenta veces más caro que los 100 dólares por tonelada que esperamos que cueste algún día.)

Como ya había mencionado, la solución basada en la DAC es solo un experimento mental. En la vida real, la tecnología DAC no está preparada para implementarse en todo el mundo y, aunque lo estuviera, sería un método de lo más ineficiente para resolver el problema del carbono en la atmósfera. No está claro que seamos capaces de almacenar cientos de miles de millones de toneladas de carbono de manera segura. No existe una forma práctica de recaudar 5,1 billones de dólares al año ni de asegurarnos de que todo el mundo pague la parte que le corresponde (incluso el intento de definir qué parte corresponde en justicia a cada uno provocaría conflictos políticos considerables). Necesitaríamos construir más de cincuenta mil plantas de captura directa en todo el mundo solo para lidiar con las emisiones que estamos produciendo ahora mismo. Por otro lado, la DAC no funciona con el metano u otros gases de efecto invernadero, solo con el dióxido de carbono. Además, seguramente sería la solución más cara; en muchos casos, saldría más barato acabar con las emisiones de gases de efecto invernadero.

Incluso si se consiguiera que la DAC funcionara a escala mundial —y no hay que olvidar que soy un optimista en lo que a la tecnología se refiere—, lo más seguro es que no podría desarrollarse ni desplegarse con rapidez suficiente para evitar daños graves al medio ambiente. Por desgracia, no podemos limitarnos a esperar que nos salve una tecnología futura como la DAC. Debemos empezar a salvarnos a nosotros mismos desde este instante.

Sugerencia: ten siempre presentes las primas verdes y pregunta si son lo bastante bajas para que puedan pagarlas los países de renta media.

Veamos un resumen de las cinco sugerencias:

1. Convertir las toneladas de emisiones en un porcentaje de 51.000 millones.
2. Encontrar soluciones para las cinco actividades que son la causa de esas emisiones: fabricar cosas, consumir energía, cultivar y criar, desplazarse y calentar o enfriar.
3. Kilovatio = hogar. Gigavatio = ciudad mediana. Cientos de gigavatios = país rico y grande.
4. Considerar cuánto espacio será necesario.
5. Tener presentes las primas verdes y averiguar si son asequibles para los países de renta media.

CÓMO NOS CONECTAMOS

El 27 por ciento de 51.000 millones de toneladas al año

Mantenemos un idilio con la electricidad, pero la mayoría no lo sabe. La electricidad siempre está ahí para servirnos, para asegurarse de que las farolas, los aires acondicionados, ordenadores y televisores funcionen. Alimenta toda clase de procesos industriales en los que la mayoría preferiríamos no pensar. Sin embargo, como ocurre a veces en la vida, no nos damos cuenta de lo que la electricidad significa para nosotros hasta que nos falta. En Estados Unidos, los apagones son tan infrecuentes que la gente recuerda aquel día, hace diez años, en que se fue la luz y se quedaron atrapados en un ascensor.

No siempre he sido consciente de hasta qué punto dependemos de la electricidad, pero a lo largo de los años he ido abriendo los ojos a lo esencial que es. Y valoro de verdad lo que cuesta obrar este milagro. De hecho, es justo decir que me maravilla la infraestructura física que permite que la electricidad llegue a todas partes y resulte tan barata y fiable. Es magia pura que uno pueda pulsar un interruptor casi en cualquier rincón de un país desarrollado y obtener luz por el precio de una fracción de centavo. Literalmente: en Estados Unidos, mantener encendida una bombilla de 40 vatios durante una hora cuesta cerca de medio centavo.

Tras una visita familiar al volcán Thrihnukagigur, en Islandia, en 2015, Rory y yo nos dimos una vuelta por la central geotérmica vecina.[1]

No soy el único de la familia que tiene esta opinión sobre la electricidad: mi hijo Rory y yo solíamos visitar centrales eléctricas por diversión, solo para aprender cómo funcionan.

Me alegro de que dedicáramos todo ese tiempo a instruirnos sobre la electricidad. En primer lugar, era una estupenda actividad padre-hijo (en serio). Por otro lado, descubrir una manera de obtener todas las ventajas de la electricidad barata y fiable sin emitir gases de efecto invernadero es el paso más importante que debemos dar para evitar un desastre climático. Esto obedece en parte a que la producción de electricidad contribuye en gran medida al cambio climático y en parte a que, si lográramos generar electricidad neutra en carbono, podríamos utilizarla para descarbonizar muchas otras actividades, como desplazarnos o fabricar cosas. Tendremos que sustituir el carbón, el gas natural o el petróleo por otras fuentes de energía, que en su mayor parte serán de electricidad limpia. Por eso hablaré primero sobre la electricidad, a pesar de que las industrias son responsables de más emisiones.

Además, el número de personas con acceso a la electricidad debería ser aún *mayor*. En el África subsahariana, menos de la mitad de la población cuenta con un suministro fiable de corriente en casa.* Y cuando se carece de acceso a la red eléctrica, tareas que parecen sencillas, como recargar el teléfono móvil, se vuelven complicadas y caras. La gente se ve obligada a desplazarse hasta una tienda y pagar 25 centavos o más por enchufar el móvil a una toma de corriente: cien veces más de lo que pagan quienes viven en países desarrollados.

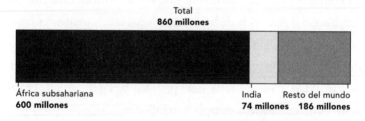

Total
860 millones

África subsahariana
600 millones

India
74 millones

Resto del mundo
186 millones

860 millones de personas no cuentan con un suministro eléctrico fiable. Menos de la mitad de los habitantes del África subsahariana tienen acceso a la red eléctrica. (AIE)[2]

No espero que a todo el mundo le entusiasmen tanto como a mí los transformadores y las redes eléctricas (hasta yo reconozco que hay que ser un poco friki para escribir una frase como «me maravilla la infraestructura física»). Pero creo que si la gente se parara a pensar todo lo que implica prestar este servicio que ahora damos por sentado, lo apreciaría más. Y caería en la cuenta de que nadie quiere renunciar a él. Sean cuales sean los métodos que uti-

---

* En este caso, hago un uso informal del término «corriente», que en sentido estricto designa el flujo de carga eléctrica que recorre un material conductor por unidad de tiempo. En este libro, con el fin de agilizar la lectura, empleo la palabra en su sentido más general, como sinónimo de electricidad.

licemos para producir electricidad neutra en carbono en el futuro, tendrán que ser tan fiables y casi tan asequibles como los que usamos en la actualidad.

En este capítulo quiero explicar lo que hará falta para seguir obteniendo todo lo que nos gusta de la electricidad —una fuente de energía barata y siempre disponible— y hacerla llegar a más personas, pero sin emisiones de carbono. Para empezar, hay que conocer la historia que nos ha traído aquí y saber hacia dónde nos dirigimos.

Teniendo en cuenta lo generalizado que está el acceso a la electricidad hoy en día, es fácil olvidar que no se convirtió en un elemento fundamental en la vida de la mayoría de los estadounidenses hasta bien entrado el siglo XX. Y una de las primeras fuentes importantes de electricidad no fue ninguna de las que nos vienen a la mente en la actualidad, como el carbón, el petróleo o el gas natural. Era el agua, concretamente la energía hidráulica.

La energía hidráulica tiene mucho a su favor —es relativamente barata—, pero también grandes inconvenientes. La construcción de un embalse implica el desalojo de comunidades y de la fauna local. Cuando un terreno se cubre de agua, si el suelo contiene mucho carbono, este acaba por convertirse en metano y escapar a la atmósfera.[3] Por eso hay estudios que demuestran que una presa, en función de dónde se halle construida, puede convertirse en un emisor peor que el carbón durante un período de entre cincuenta y cien años antes de compensar todo el metano que ha liberado.*

---

* Estos cálculos proceden de un análisis del ciclo de vida de las presas. Este tipo de análisis conforma un campo interesante que consiste en documentar todos los gases de efecto invernadero de los que es responsable un producto determinado desde el momento de su producción hasta el final de su vida útil.

Por otro lado, la cantidad de electricidad que se puede generar en una presa varía según la estación del año, porque depende de los arroyos y ríos, alimentados por las lluvias. Además, por supuesto, la energía hidráulica no es trasladable. Hay que construir las presas donde discurren los cauces.

Los combustibles fósiles no tienen esa limitación. Es posible extraer carbón, petróleo o gas natural del subsuelo, trasladarlo hasta una central eléctrica y, una vez allí, quemarlo y aprovechar el calor para llevar agua a ebullición, de modo que el vapor resultante haga girar una turbina que, por su parte, genere electricidad.

Debido a todas estas ventajas, cuando la demanda de electricidad en Estados Unidos aumentó mucho después de la Segunda Guerra Mundial, se recurrió a los combustibles fósiles para satisfacerla. Proporcionaron gran parte de la capacidad generadora que se consiguió en la segunda mitad del siglo XX, unos 700 gigavatios, casi sesenta veces superior a la que existía antes de la guerra.

Con el tiempo, el coste de la electricidad ha sufrido un descenso espectacular. Según un estudio, era al menos doscientas veces más económica en el año 2000 que en 1900.[4] En la actualidad, Estados Unidos gasta solo un 2 por ciento de su PIB en electricidad, una cifra extraordinariamente baja teniendo en cuenta nuestro grado de dependencia de ella.

La razón principal de que sea tan barata reside en que los combustibles fósiles también lo son. Se encuentran al alcance de todo el mundo, y hemos desarrollado métodos mejores y más eficientes para extraerlos y transformarlos en electricidad. Además, los go-

Estos estudios constituyen una forma útil de analizar el impacto climático de diversas tecnologías, pero resultan bastante complicados, por lo que en este libro me centraré en las emisiones directas, que son más fáciles de explicar y por lo general conducen a las mismas conclusiones.

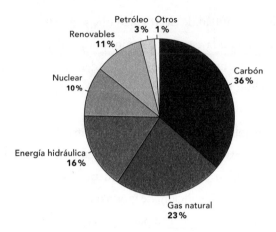

Obtener toda la electricidad del mundo de fuentes limpias no será fácil. En la actualidad, los combustibles fósiles representan dos tercios de la electricidad generada en el mundo. (bp Statistical Review of World Energy 2020.)[5]

biernos dedican esfuerzos considerables a mantener los precios bajos y fomentar su producción.

Esta práctica existe en Estados Unidos desde los primeros días de la república: el Congreso aprobó el primer arancel proteccionista sobre el carbón importado en 1789. A principios del siglo XIX, conscientes de la importancia de este combustible para el sector ferroviario, algunos estados empezaron a eximirlo de distintos impuestos y a introducir otros incentivos para su producción. Después de la implantación del impuesto de sociedades en 1913, los productores de petróleo y gas consiguieron el derecho a deducir ciertos gastos, incluidos los costes de perforación. En conjunto, estos beneficios fiscales sumaron cerca de 42.000 millones de dólares (de los de ahora) en apoyo a la industria del petróleo y el carbón desde 1950 hasta 1978, y aún constan en el código tributario.[6] Además, estas industrias se benefician de condiciones especiales de arrendamiento de terrenos federales.

Octavilla de una explotación de carbón en Connellsville, Pennsylvania, de alrededor de 1900.[7]

Estados Unidos no está solo en esto. La mayoría de los países han tomado varias medidas para que los combustibles fósiles no se encarezcan: según cálculos de la Agencia Internacional de Energía (AIE), los subsidios gubernamentales al consumo de estos combustibles ascendieron a 400.000 millones de dólares en 2018, lo que explica hasta cierto punto por qué forman una parte tan estable de nuestro suministro eléctrico.[8] El porcentaje de la producción eléctrica mundial que procede de la quema del carbón (el 40 por ciento, aproximadamente) no ha cambiado en treinta años. La suma de petróleo y gas natural ha rondado el 26 por ciento durante tres décadas. En total, los combustibles fósiles proporcionan dos tercios de la electricidad que se consume en el mundo. Las energías solar y eólica, por su lado, aportan el 7 por ciento.

A mediados de 2019 se estaban construyendo en diversos países centrales de carbón con una potencia total de cerca de 236 gigavatios; el carbón y el gas natural se habían convertido en los combustibles preferidos en los países en desarrollo, donde la demanda se había disparado en las últimas décadas. Entre 2000 y 2018, China triplicó la cantidad de carbón que utiliza. ¡Eso representa más capacidad que la de Estados Unidos, México y Canadá juntos!

¿Podemos dar la vuelta a esta situación y obtener toda la electricidad que necesitemos con cero emisiones de gases de efecto invernadero?

Depende de a quién nos estemos refiriendo. Estados Unidos puede aproximarse bastante, si establece políticas adecuadas para ampliar las energías eólica y solar y da un impulso fuerte a innovaciones concretas. Pero ¿conseguirá el mundo abastecerse de electricidad neutra en carbono? Eso será mucho más difícil.

Empecemos por las primas verdes para la electricidad en Estados Unidos. En este caso, nos encontramos con una buena noticia: podemos eliminar nuestras emisiones con una prima verde razonable.

En lo que se refiere a la electricidad, la prima es el coste adicional de obtener toda nuestra energía de fuentes no emisoras de carbono, como el viento, el sol, la energía nuclear y las centrales de gas natural equipadas con dispositivos que capturan el carbono que producen. (No hay que olvidar que el objetivo no es utilizar solo energías renovables como la solar y la eólica, sino llegar a las cero emisiones. Por eso incluyo estas otras opciones neutras en carbono.)

¿A cuánto ascendería la prima? Adaptar todo el sistema eléctrico de Estados Unidos a fuentes neutras en carbono elevaría las tarifas al consumidor entre 1,3 y 1,7 centavos por kilovatio-hora, cerca de un 15 por ciento más de lo que se paga ahora. Esto significa que la prima verde sería de 18 dólares al mes para el hogar promedio; una cifra más que asequible para la mayoría de la gente, aunque quizá no para los estadounidenses de rentas bajas, que ya gastan una décima parte de sus ingresos en energía.

(Si pagas facturas de servicios, sin duda estarás familiarizado con el concepto kilovatio-hora, pues es como nos cobran el consumo de electricidad doméstica. Aun así, por si no lo tienes claro, un kilovatio-hora es una unidad de energía que se usa para medir cuánta electricidad se consume en un tiempo determinado. Si se consume un kilovatio durante una hora, esto equivale a un kilovatio-hora. El típico hogar estadounidense gasta 29 kilovatios-hora al día. En promedio, teniendo en cuenta todos los tipos de contratos en todos los estados del país, un kilovatio-hora de electricidad cuesta alrededor de diez centavos, aunque en algunos lugares supera en más de tres veces esta cantidad.)

Es genial que la prima verde pueda llegar a ser tan baja en Estados Unidos. La situación de Europa también es bastante buena: un estudio de una asociación sectorial europea concluye que la descarbonización de entre el 90 y el 95 por ciento de la red eléctrica ocasionaría un incremento de cerca del 20 por ciento en las tarifas promedio. (El estudio emplea una metodología distinta de la que apliqué yo para calcular la prima verde estadounidense.)[9]

Por desgracia, pocos países son tan afortunados. Estados Unidos cuenta con numerosas fuentes de renovables, como energía hidráulica en el noroeste del Pacífico, vientos intensos en el Medio Oeste y energía solar durante todo el año en el Sudoeste y California. Hay países con abundante sol pero poco viento o viceversa. Otros carecen de ambas cosas. Además, algunos tienen calificaciones crediticias bajas que dificultan las grandes inversiones en centrales eléctricas nuevas.

África y Asia se encuentran en la posición más desfavorable. En las últimas décadas, China ha realizado uno de los mayores logros de la historia —sacar a millones de personas de la pobreza— y lo ha conseguido en parte construyendo centrales eléctricas de carbón por muy poco dinero. Las empresas chinas redujeron los costes de estas centrales en nada menos que un 75 por ciento. Y ahora que, comprensiblemente, quieren más clientes, están haciendo lo posible por atraer a la siguiente oleada de países en desarrollo: India, Indonesia, Vietnam, Pakistán y varios estados de África.

¿Qué harán estos nuevos clientes en potencia? ¿Construirán centrales de carbón o abrazarán las energías limpias? Examinemos sus objetivos y sus opciones. La energía solar a pequeña escala puede ser una alternativa para los habitantes de zonas rurales pobres que necesitan cargar los teléfonos móviles y encender luces por la noche. Sin embargo, este tipo de solución jamás abastecerá a estos países de la enorme cantidad de electricidad barata y siempre disponible que necesitan para dar un impulso enérgico a sus economías. Aspiran a seguir el ejemplo de China y atraer fábricas y servicios de atención telefónica, negocios que requieren mucha más energía de la que pueden proporcionar las renovables a pequeña escala en la actualidad.

Si estos estados se inclinan por construir centrales de carbón, como han hecho China y todos los países ricos, será un desastre para el clima. Pero lo cierto es que ahora mismo esta es su opción más económica.

La razón de ser de las primas verdes no resulta tan evidente a primera vista. Las centrales de gas natural tienen que continuar comprando combustible mientras permanezcan en funcionamiento;

en cambio, ni los parques solares y eólicos ni las hidroeléctricas necesitan combustible. Además, según el tópico, cuando una tecnología se generaliza, se abarata. Entonces ¿cómo es que las energías verdes conllevan un coste adicional?

Uno de los problemas radica en lo baratos que son los combustibles fósiles. Dado que sus precios no tienen en cuenta el coste real del cambio climático —el daño económico que ocasionan al calentar el planeta—, las fuentes de energía limpia lo tienen más difícil para competir con ellos. Por añadidura, hemos dedicado muchas décadas a perfeccionar el sistema para extraerlos del suelo, obtener energía de ellos y distribuirla, todo de manera muy barata.

Otra razón es que, como he mencionado antes, hay regiones del mundo que sencillamente carecen de recursos renovables suficientes. Para aproximarnos al cien por cien, tendríamos que transportar la energía limpia desde donde se genera (zonas soleadas, a ser posible cercanas al ecuador, y regiones ventosas) hasta donde se necesita (lugares nubosos y sin viento). Esto requeriría el tendido de nuevas líneas de transmisión, una labor que consume muchos recursos y tiempo —sobre todo cuando implica el cruce de fronteras—, y cuantas más líneas se instalan, más sube el precio de la electricidad. De hecho, la transmisión y la distribución son responsables de más de una tercera parte del precio final de la luz.* Muchos países no quieren depender de otros para el suministro eléctrico.

A pesar de todo, el bajo coste del petróleo y el elevado coste de

---

* La transmisión puede compararse con una autopista, y la distribución, con una carretera comarcal. Utilizamos las líneas de transmisión de alto voltaje para conducir electricidad desde la central hasta la ciudad. De ahí, la corriente pasa al sistema de distribución de menor voltaje, el tendido eléctrico que vemos en nuestros vecindarios.

las líneas de transmisión no son el principal factor que encarece la prima verde de la electricidad. Las mayores culpables son nuestra exigencia de fiabilidad y la maldición de la intermitencia.

El sol y el viento son fuentes intermitentes, lo que significa que no generan electricidad las veinticuatro horas del día trescientos sesenta y cinco días al año. En cambio, nuestra necesidad de energía no es intermitente; queremos disponer de ella en todo momento. Así pues, si la solar y la eólica constituyen una parte considerable de nuestro cóctel eléctrico y queremos evitar apagones importantes, necesitaremos otras opciones para cuando el sol no brille y el viento no sople. O bien almacenamos la electricidad sobrante en baterías (lo que, tal como argumentaré en breve, tendría un coste prohibitivo) o bien incorporamos otras fuentes de energía basadas en combustibles fósiles, como centrales de gas natural que funcionen solo cuando sea necesario. La economía no es favorable a ninguna de las dos opciones. A medida que nos acerquemos a una electricidad cien por cien limpia, la intermitencia se convertirá en un problema más grave y caro.

El ejemplo más claro de intermitencia es cuando se pone el sol y se interrumpe el suministro de electricidad generada por energía solar. Supongamos que, para solucionar este problema, almacenamos un kilovatio-hora sobrante de la electricidad producida durante el día para utilizarlo durante la noche (haría falta mucho más que eso, pero he elegido un kilovatio-hora para simplificar las cuentas). ¿Cuánto inflaría la factura de la luz?

Depende de dos factores: el coste de la batería y el tiempo que esta dure antes de que tengamos que cambiarla. Por lo que respecta al coste, imaginemos que podemos comprar una batería de un kilovatio-hora por 100 dólares (es un cálculo conservador, y por el momento dejo de lado la posibilidad de que haya que pedir un préstamo para adquirirla). En cuanto a la vida útil de la batería, supongamos que soporta hasta mil ciclos de carga y descarga.

Así pues, el coste de capital de esta batería de un kilovatio-hora es de 100 dólares repartidos entre mil ciclos, lo que se traduce en diez centavos por kilovatio-hora. Esto hay que sumarlo al coste que conlleva generar la corriente, que, en el caso de la energía solar, es de algo así como cinco centavos por kilovatio-hora. En otras palabras, tendríamos que pagar por la electricidad almacenada para su uso nocturno el *triple* de lo que pagamos por la que utilizamos durante el día: los cinco centavos que cuesta generarla más diez de almacenamiento, lo que da un total de 15 centavos.

Conozco investigadores que creen que pueden desarrollar una batería que dure cinco veces más que la que he descrito. Aún no lo han conseguido, pero, si están en lo cierto, reduciría el sobrecoste de diez a dos centavos, lo que supondría un incremento mucho más modesto. En cualquier caso, el problema nocturno ya tiene solución en la actualidad, para quien esté dispuesto a pagar un sobrecoste elevado, y confío en que logremos reducirlo con un poco de innovación.

Por desgracia, la intermitencia nocturna no es el problema más espinoso al que nos enfrentamos. La variación estacional entre verano e invierno constituye un obstáculo aún mayor. Hay varias maneras de intentar lidiar con ella —como incorporar energía procedente de una central nuclear o de una térmica de gas con un dispositivo de captura de emisiones—, opciones que cualquier hipótesis realista deberá contemplar. Profundizaremos en ellas más adelante en este capítulo; por el momento me limitaré a hablar de baterías para ilustrar el problema de la variación estacional.

Pongamos que queremos almacenar un solo kilovatio-hora, no para un día, sino para una estación entera. Lo generaremos durante el verano y lo utilizaremos en invierno para alimentar un calefactor. En esta ocasión, el ciclo vital de la batería no deberá preocuparnos, porque la cargaremos únicamente una vez al año.

Pero supongamos que tenemos que financiar la compra de la batería. Cien dólares en capital. (Obviamente no compraríamos a crédito una batería de 100 dólares, pero quizá nos haría falta financiación si quisiéramos adquirir las necesarias para almacenar varios gigavatios. Además, el cálculo sería el mismo.) Si pagamos un interés del 5 por ciento sobre el capital prestado y la batería vale 100 dólares, esto implica un coste adicional de cinco dólares por el kilovatio-hora. Recordemos cuánto nos cuesta la energía solar durante el día: solo cinco centavos. ¿Quién pagaría cinco dólares para almacenar energía por valor de cinco centavos?

La intermitencia estacional y el elevado coste del almacenamiento plantean otro problema, sobre todo para los grandes usuarios de la energía solar: una producción excesiva en verano y una producción demasiado baja en invierno.

Debido a la inclinación del eje de la tierra, la cantidad de luz del sol que incide en cualquier parte del planeta varía a lo largo de las cuatro estaciones, al igual que la intensidad de dicha luz. La magnitud de la variación depende de la distancia respecto al ecuador. En Ecuador, prácticamente no hay cambios. En la zona de Seattle, donde vivo, recibimos el doble de luz solar el día más largo del año que el día más corto. En regiones de Canadá y Rusia, esta diferencia es de doce veces.*

---

* También existe una variación estacional del viento. En Estados Unidos, la energía eólica tiende a alcanzar su punto de mayor producción en primavera, y el de menor, a mediados o finales de verano (aunque en California ocurre lo contrario). La diferencia puede ser un múltiplo de un número comprendido entre el dos y el cuatro.

Para entender por qué es importante esta variación, realicemos otro experimento mental. Imaginemos que hay una ciudad cercana a Seattle —la llamaremos Suntown— que quiere generar un gigavatio de energía solar a lo largo del año. ¿Cómo de grande tendría que ser el campo solar de Suntown?

Una opción sería instalar placas suficientes para generar un gigavatio durante el verano, cuando más brilla el sol. La ciudad, sin embargo, no es tan afortunada en invierno, cuando solo recibe la mitad de luz solar. En consecuencia, la producción es demasiado baja (y el ayuntamiento, muy consciente del precio prohibitivo del almacenamiento, ha descartado el uso de baterías). Por otro lado, Suntown podría instalar todas las placas solares que necesita para los cortos y oscuros días de invierno, pero cuando llegara el verano generaría mucha más energía de la necesaria. La electricidad se abarataría tanto que la ciudad se vería en apuros para resarcirse del gasto de la instalación de todas esas placas.

Suntown podría afrontar el problema de sobreproducción apagando algunas placas durante el verano, pero eso significaría invertir en componentes que solo se usarían durante parte del año. Esto incrementaría más todavía el precio de la luz para todos los hogares y negocios locales; en otras palabras, aumentaría la prima verde de la ciudad.

La situación en Suntown no es un mero ejemplo hipotético. Algo parecido ha estado sucediendo en Alemania, que, a través del ambicioso programa Energiewende, se fijó el objetivo de abastecerse en un 60 por ciento de energías renovables antes de 2050. El país ha gastado miles de millones de dólares en la última década para ampliar su uso de estas energías e incrementó su capacidad solar en casi un 650 por ciento entre 2008 y 2010. No obstante, Alemania produjo diez veces más energía solar en junio de 2018 que en diciembre del mismo año.[10] De hecho, en el transcurso del verano hay momentos en que los parques solares y eólicos alemanes generan tanta electricidad que el país no puede aprovecharla toda. Cuando esto ocurre, parte de la energía sobrante se transmite a las vecinas Polonia y República Checa, cuyos líderes se han quejado de que esto lleva sus redes eléctricas al límite y ocasiona fluctuaciones impredecibles en el precio de la luz.[11]

Hay otro problema causado por la intermitencia de solución aún más difícil que los de índole diaria o estacional. ¿Qué sucede cuando un acontecimiento extremo obliga a una ciudad a sobrevivir durante días sin un vatio de energía renovable?

Imaginemos un futuro en el que Tokio obtiene toda su electricidad de la energía eólica. (En realidad, Japón dispone de abundante viento tanto en tierra como en el mar.) Un mes de agosto, en pleno apogeo de la temporada de ciclones, se desata una fuerte tormenta. Los vientos son tan intensos que destrozarán las turbinas eólicas de la ciudad si no las apagan. Las autoridades de Tokio deciden desconectar las turbinas y abastecerse únicamente de la electricidad almacenada en las mejores baterías de gran capacidad que encuentren.

La pregunta es la siguiente: ¿cuántas baterías necesitarían para suministrar energía a la ciudad durante tres días, hasta que pase la tormenta y puedan volver a encender las turbinas?

La respuesta es más de 14 millones. Se trata de una capacidad de almacenamiento mayor que la que produce el mundo en una década. Precio de adquisición: 400.000 millones de dólares. Promediado a lo largo de la vida útil de las baterías, supone un desembolso anual de más de 27.000 millones.* Y eso no es más que el

* He aquí cómo he obtenido estas cifras: entre el 6 y el 8 de agosto de 2019, Tokio consumió 3.122 gigavatios-hora de electricidad. Para la carga base, he

coste de las baterías, no incluye otros gastos como la instalación o el mantenimiento.

Este caso es del todo hipotético. Nadie se plantea en serio que Tokio obtenga toda su electricidad de la energía eólica ni que la almacene íntegramente en baterías actuales. Lo utilizo como ejemplo para subrayar una cuestión fundamental: aunque resulta extremadamente difícil y caro almacenar energía a gran escala, es una de las cosas que tendremos que hacer si queremos que las fuentes intermitentes lleguen a proporcionar un porcentaje significativo de energía limpia en los próximos años.

Y vamos a necesitar *mucha* más electricidad limpia en ese futuro cercano. La mayoría de los expertos coinciden en que, a medida que se electrifiquen otros procesos generadores de emisiones, como la fabricación de acero y la circulación de vehículos, el suministro eléctrico mundial habrá de duplicarse o incluso triplicarse antes de 2050. Y esto ni siquiera tiene en cuenta el crecimiento de la población ni el hecho de que la calidad de vida de la gente mejorará, lo que traerá consigo un mayor consumo de electricidad. En consecuencia, el mundo necesitará mucho más que el triple de electricidad de la que generamos en la actualidad.

Debido a la intermitencia del sol y el viento, nuestra *capacidad* de generar electricidad deberá incrementarse aún más. (La capacidad mide la cantidad de electricidad que en teoría somos capaces de producir cuando brilla el sol o el viento sopla con la máxima intensidad; la generación es la cantidad que obtenemos en realidad, una vez contemplados factores como la intermitencia o

---

supuesto que se usarían 5,4 millones de baterías de flujo de hierro con una vida útil de veinte años y un coste por unidad de 36.000 dólares; y, para el pico de demanda, 9,1 millones de baterías de iones de litio con una vida útil de diez años y un coste por unidad de 23.300 dólares.

el cierre por mantenimiento de las centrales, entre otros. La generación siempre es inferior a la capacidad, y en el caso de las fuentes variables, como el sol o el viento, la diferencia puede ser muy grande.)

Considerando la electricidad adicional que consumiremos, y asumiendo que las energías solar y eólica desempeñarán un papel fundamental, la descarbonización total de la red eléctrica estadounidense antes de 2050 requerirá un incremento anual de 75 gigavatios durante los próximos treinta años.

¿Eso es mucho? A lo largo de la última década hemos añadido un promedio de 22 gigavatios al año. Ahora necesitamos instalar más del triple cada año y mantener el ritmo durante las próximas tres décadas.

Resultará un poco más fácil a medida que desarrollemos placas solares y turbinas eólicas más baratas y aún más eficientes o, lo que es lo mismo, que concibamos maneras de obtener más energía a partir de cierta cantidad de sol o de viento. (Las mejores placas solares actuales convierten en electricidad menos de una cuarta parte de la luz solar que incide en ellas, y el límite teórico de las placas más comunes disponibles en el mercado ronda el 33 por ciento.) Conforme aumenten estos índices de conversión, más energía por metro cuadrado obtendremos, lo que nos será útil para implementar estas tecnologías por todo el mundo.

Sin embargo, no bastará con las placas y turbinas más eficientes, pues existe una diferencia sustancial entre el desarrollo de infraestructuras que se llevó a cabo en Estados Unidos en el siglo XX y las medidas que debemos tomar en el siglo XXI. La situación geográfica cobrará más importancia que nunca.

Desde los primeros tiempos de las redes eléctricas, las empresas de servicios han construido la mayor parte de las centrales cerca de las ciudades en rápido crecimiento, pues, gracias al ferrocarril, los gasoductos y los oleoductos, era relativamente sencillo trasladar los combustibles fósiles desde el punto de extracción hasta las térmicas, donde los quemaban para generar electricidad. Como resultado, la red estadounidense depende de las vías férreas y tuberías para transportar los combustibles a lo largo de grandes distancias con objeto de alimentar las centrales, y de las líneas de transmisión para conducir electricidad a través de distancias cortas hasta las poblaciones que la necesitan.

Este modelo no funciona con las energías solar y eólica. No se puede cargar luz del sol en un vagón de tren para enviarla a una central; es necesario convertirla en electricidad *in situ*. Sin embargo, casi toda la energía solar de Estados Unidos se genera en la región del Sudoeste, y casi toda la eólica, en las Grandes Llanuras, lejos de muchas de las zonas urbanas más importantes.

En pocas palabras, la intermitencia será el principal factor de encarecimiento de la electricidad neutra en carbono a medida que se vaya generalizando. De ahí que las ciudades que intentan adoptar las energías verdes sigan complementando la solar y la eólica con electricidad procedente de otras fuentes, como centrales de gas que pueden aumentar o reducir la producción en función de la demanda, y estas termoeléctricas, conocidas como *peakers*, no son ni mucho menos neutras en carbono.

Quiero dejar clara una cosa: las fuentes de energía variable como la solar y la eólica pueden contribuir en gran medida a reducir las emisiones a cero. De hecho, *necesitamos que así sea*. Deberíamos estar instalando renovables a toda prisa allí donde resulten económicamente viables. Estas energías se han abaratado de forma espectacular en la última década: el precio de las células fotovoltaicas, entre otros, se redujo a una décima parte entre 2010 y 2020, y el de un sistema solar completo se redujo en un 11 por ciento solo en 2019. El mérito de esta bajada del coste corresponde en gran parte al aprendizaje a través de la práctica, es decir, a la sencilla razón de que cuantas más veces fabricamos un producto, mejor se nos da fabricarlo.

Es innegable que necesitamos eliminar las barreras que nos impiden sacar el máximo provecho de las fuentes renovables. Resulta lógico, por ejemplo, imaginar la red eléctrica de Estados Unidos como un solo conjunto de líneas interconectadas, pero nada más lejos de la realidad. No existe una única red eléctrica; hay muchas, y conforman un mosaico enmarañado que hace esencialmente imposible enviar electricidad más allá de la región donde se genera. Arizona puede vender la energía solar que le sobra a sus vecinos, pero no a un estado situado en la otra punta del país.

Sería posible solventar este problema con un entramado de miles de kilómetros de líneas eléctricas especiales para conducir lo que se conoce como «corriente de alto voltaje» a lo largo de grandes distancias. Se trata de una tecnología que ya existe; de hecho, ya hay líneas de este tipo instaladas en Estados Unidos (la más larga discurre entre el estado de Washington y California). No obstante, los obstáculos políticos para llevar a cabo una renovación a gran escala de la red eléctrica son considerables.

Imaginemos a cuántos propietarios de terrenos, compañías de servicios y gobiernos municipales y estatales habría que poner de acuerdo para tender líneas que transporten energía solar desde el Sudoeste hasta los clientes de Nueva Inglaterra. El mero hecho de trazar el recorrido y negociar los derechos de paso ya representaría una labor titánica; la gente tiende a protestar cuando alguien quiere instalar una torre de alta tensión en el parque local.

Está previsto que en 2021 se ponga en marcha la construcción del TransWest Express, un proyecto de transmisión diseñado para conducir energía generada en parques eólicos de Wyoming a California y el Sudoeste. En principio, entrará en funcionamiento en 2024, unos diecisiete años después del inicio de la planificación.

Pero, si lo conseguimos, será un logro transformador. Estoy financiando un proyecto que incluye la creación de un modelo informático de todas las redes eléctricas que cubren Estados Unidos. Basándose en él, varios expertos estudiaron qué requeriría que todos los estados occidentales alcanzaran la meta que se ha fijado California de contar con un 60 por ciento de renovables antes de 2030, y que los estados orientales alcancen la meta de Nueva York del 70 por ciento de la energía limpia ese mismo año. Lo que descubrieron fue que no existe forma humana de lograrlo sin mejorar la red eléctrica. El modelo demostraba también que planificar la transmisión desde enfoques regionales y nacionales —en lugar de abandonar cada estado a sus propios recursos— permitiría que todos los estados consiguieran las reducciones de emisiones deseadas con un 30 por ciento menos de renovables de las que necesitarían en otras circunstancias. En otras palabras, ahorraremos recursos si construimos renovables en los mejores emplazamientos, desarrollamos una red eléctrica nacional unificada y enviamos electrones verdes allí donde se necesitan.*

En los próximos años, a medida que la electricidad se convierta en un ingrediente cada vez más importante de nuestra dieta energética, precisaremos modelos similares para las redes del resto del mundo. Nos ayudarán a responder a preguntas como: ¿qué combinación de fuentes de energía sería la más eficiente para cada lugar?

---

* Este modelo se encuentra a disposición del público vía online. Para más información, visita breakthroughenergy.org.

¿Adónde hay que llevar líneas de transmisión? ¿Qué normas constituyen un obstáculo y qué incentivos debemos idear? Espero que nazcan multitud de proyectos como este.

Existe otra complicación: a medida que los hogares dependan menos de los combustibles fósiles y más de la electricidad (para alimentar los coches eléctricos o la calefacción, por ejemplo), tendremos que multiplicar el amperaje de las instalaciones domésticas como mínimo por dos, y en numerosos casos incluso más. Habrá que abrir zanjas en muchas calles y trepar por muchos postes de luz para instalar cables más gruesos, transformadores y otros elementos. Esto tendrá un efecto en casi todas las comunidades, y el impacto político se dejará notar a nivel local.

La tecnología quizá ayude a superar algunas de las barreras políticas que dificultan estas reformas. Las líneas eléctricas, por ejemplo, molestan menos a la vista si discurren bajo tierra. Sin embargo, en la actualidad, enterrarlas multiplica el coste por un factor de entre cinco y diez. (El inconveniente radica en el calor: los cables eléctricos se calientan cuando una corriente circula a través de ellos. Esto no representa un problema cuando se trata de líneas aéreas, pues el calor se disipa en el aire sin más, pero bajo tierra simplemente no tiene adónde ir. Si la temperatura se eleva demasiado, los cables se funden.) Hay empresas trabajando en una transmisión de nueva generación que eliminaría el escollo del sobrecalentamiento y reduciría de manera significativa el coste de las líneas subterráneas.

Es imposible exagerar la importancia de implementar las energías renovables que ya existen y mejorar la transmisión. Si no emprendemos una renovación radical de la red eléctrica y, en cambio, obligamos a cada región a encargarse de la suya, la tasa verde podría no ser de entre el 15 y el 30 por ciento, sino del cien por cien o más. A menos que utilicemos grandes cantidades de energía nuclear (tema que abordaré en el apartado siguiente), todos los caminos que conducen al cero en Estados Unidos requerirán que construyamos el máximo de instalaciones de energía eólica y solar que nos permita el espacio de que disponemos. Cuesta predecir qué proporción de la electricidad procederá a la larga de las renovables en Estados Unidos, pero lo que sí sabemos es que entre ahora y 2050 tenemos que conseguir que el ritmo de construcción de los parques sea del orden de cinco a diez veces más rápido que el actual.

Y no olvidemos que la mayor parte de los países no son tan afortunados como Estados Unidos en lo que respecta a los recursos solares y eólicos. El hecho de que aún abriguemos la esperanza de generar un porcentaje elevado de nuestra energía a partir de fuentes renovables no constituye la norma, sino más bien una excepción. Por eso, incluso aunque implementemos las tecnologías solares y eólicas a marchas forzadas, el mundo necesitará nuevos inventos para producir electricidad limpia.

Ya se está realizando una intensa labor de investigación. Si hay algo que me encanta de mi trabajo es que me brinda la oportunidad de reunirme con científicos y emprendedores de primer nivel, y aprender de ellos. A lo largo de los años, a través de mis inversiones en Breakthrough Energy y de otras vías, me he enterado de grandes avances potenciales que podrían traernos la revolución que necesitamos para generar electricidad con cero emisiones. Estas ideas se encuentran en distintos grados de desarrollo; algunas están en una fase relativamente madura y se han puesto a prueba de forma rigurosa, mientras que otras, para ser sincero, parecen de lo más disparatadas. Sin embargo, no debemos tener miedo a apostar por ideas estrambóticas. Es la única manera de garantizar que se produzcan al menos algunos avances reales.

Generar electricidad sin emisiones

Fisión nuclear. He aquí el argumento en defensa de la energía nuclear resumido en una frase: es la única fuente neutra en carbono capaz de proporcionar energía sin fallos día y noche, a lo largo de todas las estaciones, casi en cualquier rincón del planeta, y que se ha demostrado que funciona a gran escala.

Hoy por hoy, ninguna otra fuente energética ofrece ni de lejos lo que la nuclear (en este caso, me refiero a la fisión nuclear, es decir, la división del átomo para obtener energía. En el apartado siguiente hablaré del proceso inverso, la fusión nuclear). Alrededor del 20 por ciento de la electricidad que consume Estados Unidos procede de centrales nucleares; Francia tiene la proporción más alta de energía nuclear del mundo, un 70 por ciento. Recordemos por comparación que las energías solar y eólica juntas proporcionan aproximadamente el 7 por ciento de la electricidad mundial.

Asimismo, cuesta concebir un futuro en el que hayamos descarbonizado la red eléctrica a un coste asequible sin valernos de la energía nuclear. En 2018, investigadores del Instituto Tecnológico de Massachusetts analizaron casi mil vías posibles para alcanzar las cero emisiones en Estados Unidos; las más baratas requerían el uso de una fuente de energía limpia y siempre disponible, como por ejemplo la nuclear. Sin una fuente así, obtener electricidad neutra en carbono resultaría mucho más caro.

Las centrales nucleares también están a la cabeza en lo relativo

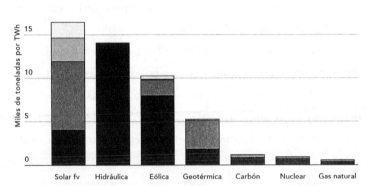

¿Cuánto material se requiere para construir y hacer funcionar una central eléctrica? Depende del tipo de central. La nuclear es la más eficiente, pues gasta mucha menos materia prima por unidad de ele ctricidad generada que otras fuentes. (Departamento de Energía de EE. UU.)[12]

a la utilización eficiente de materiales como el cemento, el acero y el vidrio. Este gráfico muestra cuánto material se necesita para generar una unidad de electricidad a partir de fuentes distintas.

¿Te has fijado en lo pequeña que es la columna correspondiente a la energía nuclear? Eso significa que se obtiene mucha más energía por cada kilo de materia prima empleada en la construcción y en el funcionamiento de la central eléctrica. No se trata de una cuestión menor, considerando la cantidad de gases de efecto invernadero que se emiten al producir estos materiales (para más detalles, véase el capítulo siguiente). Además, estas cifras no tienen en cuenta el hecho de que los parques solares y eólicos necesitan por lo general una extensión de terreno más grande que las centrales nucleares y generan energía solo entre el 25 y el 50 por ciento del tiempo, a diferencia de las nucleares, que funcionan el 90 por ciento del tiempo.

No es ningún secreto que la energía nuclear acarrea problemas. La construcción de centrales resulta muy costosa en la actualidad.

Los errores humanos ocasionan accidentes. El uranio que las alimenta puede enriquecerse para fabricar armas. Los residuos son peligrosos y difíciles de almacenar.

Los sonados accidentes de Three Mile Island en Estados Unidos, Chernóbil, en la extinta URSS, y Fukushima, en Japón, pusieron todos estos riesgos en el foco de atención. Las causas de esos desastres fueron problemas reales, pero en lugar de ponernos manos a la obra para solucionarlos, simplemente dejamos de intentar avanzar en ese campo.

Imaginemos que un día todo el mundo se reuniera y dijera: «Pues resulta que los coches matan gente. Son peligrosos. Lo mejor será dejar de conducir y renunciar a los automóviles». Sería absurdo, por supuesto. En realidad, hicimos justo lo contrario: utilizamos innovaciones con el fin de que los vehículos fueran menos peligrosos. Para evitar que la gente saliera volando por el parabrisas, inventamos los cinturones de seguridad y los airbags. Para proteger a los ocupantes en caso de accidente, desarrollamos materiales más seguros y mejores diseños. Para proteger a los peatones en los aparcamientos, comenzamos a instalar cámaras de marcha atrás.

La energía nuclear mata a muchísima menos gente que los coches. De hecho, mata a mucha menos gente que cualquier combustible fósil.

Aun así, debemos mejorarla, tal como hicimos con los coches, analizando uno a uno los problemas y planteándonos el propósito de resolverlos a través de la innovación.

Los científicos e ingenieros han propuesto varias soluciones. Soy muy optimista respecto al proyecto de TerraPower, una empresa que fundé en 2008 para reunir a algunas de las mentes más brillantes en el campo de la física nuclear y los modelos informáticos con el objetivo de diseñar un reactor nuclear de última generación.

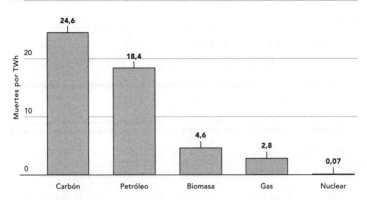

¿Es peligrosa la energía nuclear? No si contamos el número de decesos por unidad de electricidad, como muestra este gráfico. Estas cifras comprenden todo el proceso de generación de energía, desde la extracción del combustible hasta su conversión en electricidad, así como los problemas medioambientales que ocasionan, como la contaminación atmosférica. (Our World in Data.)[13]

Como no iban a permitirnos construir reactores experimentales en el mundo real, instalamos un laboratorio de superordenadores en Bellevue, Washington, donde el equipo ejecuta simulaciones digitales de diferentes diseños de reactores. Pensamos que hemos creado un modelo que soluciona todos los problemas clave por medio de un prototipo teórico denominado «reactor de onda progresiva».

El reactor de TerraPower podría funcionar con diferentes tipos de combustible, incluidos los residuos de otras instalaciones nucleares. Produciría muchos menos desperdicios que las centrales actuales, estaría automatizado en su totalidad —lo que eliminaría la posibilidad de error humano— y podría construirse bajo tierra, lo que lo protegería de atentados. Por último, el diseño sería intrínsecamente seguro, pues controlaría la reacción nuclear por medio de funciones ingeniosas; por ejemplo, el combustible radiactivo estaría contenido en vainas que se expandirían si se calentaran demasiado, lo que ralentizaría la reacción nuclear y evitaría el sobrecalentamiento. Las leyes de la física impedirían literalmente los accidentes.

Faltan años para que coloquemos la primera piedra de una nueva central. Por el momento, el proyecto de TerraPower solo existe en nuestros superordenadores; estamos colaborando con el gobierno de Estados Unidos en la construcción del primer prototipo.

Fusión nuclear. Existe un enfoque totalmente distinto sobre la energía nuclear que resulta bastante prometedor pero que aún tardaría al menos una década en proporcionar electricidad a los consumidores. A diferencia de la fisión, no consiste en obtener energía rompiendo átomos, sino uniéndolos por la fuerza, es decir, fusionándolos.

La fusión se basa en el mismo proceso básico que hace que brille el sol. Se inicia con un gas —la mayor parte de la investigación se centra en algunos tipos de hidrógeno— y se eleva a una temperatura extrema, superior a los cincuenta millones de grados, mientras se halla en un estado cargado eléctricamente conocido como «plasma». Cuando el gas está tan caliente, las partículas se mueven tan rápido que chocan entre sí y se fusionan, tal como hacen los átomos de hidrógeno del sol. Al unirse, las partículas de hidrógeno se convierten en helio y liberan una gran cantidad de energía, que cabe utilizar para generar electricidad. (Los científicos han desarrollado varios métodos para contener el plasma; los más habituales se basan en el uso de potentes imanes o láseres.)

Aunque aún está en fase experimental, la fusión promete mucho. Dado que se alimentaría de elementos disponibles en grandes cantidades, como el hidrógeno, el combustible sería barato y abundante. El principal tipo de hidrógeno que se utiliza en la fusión puede extraerse del agua del mar, y hay suficiente para satisfacer las necesidades energéticas del mundo durante muchos cientos de años. Los productos residuales de la fusión serían radiactivos durante cientos de años, no durante cientos de miles de años como los restos de plutonio y otros elementos procedentes de la fisión. Además, su grado de peligrosidad sería muy inferior, más o menos similar al de los residuos radiactivos de los hospitales. No se producen reacciones en cadena que puedan descontrolarse, pues la fusión cesa en cuanto se deja de suministrar combustible o se apaga el dispositivo que contiene el plasma.

En la práctica, no obstante, es muy complicado llevar a cabo la fusión. Los científicos nucleares cuentan un viejo chiste: «La fusión está a cuarenta años vista, y siempre lo estará». (Reconozco que he empleado la palabra «chiste» en un sentido muy amplio.) Uno de los grandes obstáculos reside en que hace falta tanta energía para iniciar la reacción de fusión que con frecuencia es mayor la cantidad que se gasta en el proceso que la que se obtiene. Por otro lado, como cabe suponer dadas las temperaturas necesarias, construir un reactor supone un enorme reto de ingeniería. Ninguno de los que ya existen están diseñados con el propósito de generar electricidad para los consumidores; se utilizan solo con fines de investigación.

El mayor proyecto actualmente en construcción, una colaboración entre la Unión Europea y seis países más, es una instalación experimental situada en el sur de Francia y conocida como ITER. Las obras se iniciaron en 2010 y siguen en marcha. Se espera que, a mediados de la década de 2020, ITER genere plasma por primera vez y que produzca exceso de energía —diez veces más de la que necesita para funcionar— a finales de los treinta. Ese momento representará para la fusión lo que el primer vuelo de los Wright para la aviación, un paso de gigante que allanará el terreno para la construcción de una central comercial piloto.

Por otra parte, se están desarrollando innovaciones que podrían conseguir que la fusión resultara más viable. Por ejemplo, sé de empresas que están sirviéndose de superconductores de alta temperatura para generar campos magnéticos mucho más potentes con el propósito de contener el plasma. Si este sistema da resultado, nos permitirá construir reactores mucho más pequeños y, por tanto, más baratos y más rápidos.

Pero la cuestión clave no es que alguna empresa en concreto dé con la idea revolucionaria que necesitan la fisión o la fusión nucleares. Lo esencial es que el mundo se tome en serio una vez más la necesidad de realizar progresos en el campo de la energía nuclear. Promete demasiado para pasarlo por alto.

Eólica marina. Instalar turbinas eólicas en el mar o en otra masa de agua ofrece varias ventajas. Muchas grandes ciudades se encuentran cerca de la costa, lo cual permite generar electricidad más cerca de los lugares donde se consumirá y reducir así los problemas de transmisión. Los vientos marinos suelen ser más constantes, por lo que el inconveniente de la intermitencia se reduce.

A pesar de estas ventajas, la energía eólica marina hoy en día representa solo una porción minúscula de la capacidad mundial de generación de electricidad; un 0,4 por ciento en 2019. La mayor parte de estas turbinas se encuentran en Europa, más concretamente en el mar del Norte; Estados Unidos cuenta únicamente con 30 megavatios instalados, y todos en un parque eólico cercano a la costa de Rhode Island. No olvidemos que Estados Unidos consume alrededor de 1.000 gigavatios, lo que significa que la eólica marina proporciona aproximadamente 1/32.000 de la electricidad del país.

Este sector solo puede ir a más. Algunas compañías están descubriendo maneras de fabricar turbinas de mayor tamaño, para que cada una genere más energía, y superando algunos de los desafíos de ingeniería que implica la colocación de objetos metálicos voluminosos en el mar. A medida que estas innovaciones hacen bajar los precios, los países instalan más turbinas; el uso de la energía eólica marina ha crecido a un ritmo medio anual del 25 por ciento en los últimos tres años. En la actualidad, el Reino Unido es el principal usuario mundial de esta energía, gracias a las subvenciones con que el gobierno, astutamente, ha alentado a las compañías a invertir en ella. China está realizando grandes inversiones en la eólica marina y con toda probabilidad se convertirá en el mayor consumidor de esta energía antes de 2030.

Estados Unidos cuenta con numerosas zonas favorables para el aprovechamiento del viento marino, sobre todo en Nueva Inglaterra, el norte de California y Oregón, la costa del golfo de México y los Grandes Lagos; en teoría, podríamos generar hasta 2.000 gigavatios de energía eólica marina, más que suficiente para cubrir nuestras necesidades actuales.[14] Sin embargo, con el fin de aprovechar este potencial, tendremos que simplificar los trámites para la instalación de las turbinas. Hoy por hoy, conseguir un permiso requiere emprender una odisea burocrática: adquirir una de un número limitado de concesiones federales, embarcarse en un proceso de varios años para elaborar un informe de impacto medioambiental y gestionar otros permisos estatales y municipales. Y, a cada paso, cabe toparse con la oposición de dueños de propiedades en primera línea de mar, el sector turístico, pescadores y grupos ecologistas.

La energía eólica marina ofrece buenas perspectivas: se está abaratando y puede desempeñar un papel clave en la descarbonización de muchos países.

Geotérmica. Bajo tierra, a gran profundidad —desde un centenar de metros hasta más de un kilómetro—, hay rocas calientes que cabe utilizar para generar energía neutra en carbono. Es posible bombear agua a alta presión hasta allí para que absorba el calor y luego salga por otro orificio, de modo que haga girar una turbina o produzca electricidad de alguna otra manera.

Pero explotar el calor del subsuelo tiene sus inconvenientes. Su densidad energética —la cantidad de energía que se obtiene por metro cuadrado— es más bien baja. En su extraordinario libro de 2009 *Energía sostenible sin malos humos*, David MacKay calculaba que la geotérmica podría satisfacer menos del 2 por ciento de las necesidades energéticas del Reino Unido, y llegar a esa proporción requeriría aprovechar hasta el último metro cuadrado del país y que las perforaciones fueran gratuitas.[15]

Además, es necesario excavar pozos para llegar hasta los yacimientos geotérmicos, y no es fácil saber de antemano si un hoyo determinado producirá el calor que necesitamos ni durante cuánto tiempo. Alrededor del 40 por ciento de todos los pozos perforados resultan inservibles. Por otro lado, la energía geotérmica no está disponible más que en algunos lugares del mundo; los mejores yacimientos suelen encontrarse en zonas con una actividad volcánica por encima de la media.

Aunque, debido a estos problemas, la geotérmica contribuirá solo de manera modesta a cubrir la demanda de energía del mundo, vale la pena intentar resolverlos uno a uno, como hicimos con los coches. Hay empresas trabajando en varias innovaciones que se sumarán a los progresos técnicos que han hecho mucho más productivas las perforaciones en busca de petróleo y gas a lo largo de los últimos años. Por ejemplo, algunas están desarrollando sensores avanzados que podrían facilitar la localización de yacimientos geotérmicos productivos. Otras utilizan perforadoras horizontales para explotar esas fuentes geotérmicas de forma más segura y eficiente. Es un gran ejemplo de cómo una tecnología creada originalmente para la industria de los combustibles fósiles puede ayudar a conducirnos hacia las cero emisiones.

El almacenamiento de la electricidad

Baterías. He dedicado mucho más tiempo a instruirme sobre este tema del que jamás habría imaginado (también he perdido más dinero en empresas emergentes de baterías del que jamás habría imaginado). Para mi sorpresa, a pesar de todas sus limitaciones, las baterías de iones de litio —las que usan los ordenadores portátiles y los teléfonos móviles— son difíciles de mejorar. Los inventores han estudiado todos los metales que podrían servir para fabricar baterías, y al parecer es poco probable que haya materiales que permitan la elaboración de baterías muy superiores a las actuales. Creo que cabe la posibilidad de multiplicar el rendimiento por tres, pero no por cincuenta.

Aun así, un buen inventor nunca se desanima. He conocido a ingenieros brillantes que trabajan en baterías económicas que podrían acumular energía suficiente para una ciudad —lo que llamamos «baterías a escala de red», para distinguirlas de aquellas más pequeñas con las que funcionan los teléfonos o los ordenadores— y almacenarla durante el tiempo necesario para superar la intermitencia estacional. Un inventor al que admiro está trabajando en una batería que contiene metales líquidos en lugar de los sólidos que se emplean en las baterías tradicionales. La idea es que el metal líquido permite almacenar y suministrar mucha más energía con gran rapidez, justo lo que se necesita para proporcionar electricidad a una ciudad entera. Esta tecnología ya se ha probado en el laboratorio, y el equipo intenta ahora abaratarla lo suficiente para que resulte económicamente viable y demostrar que funciona sobre el terreno.

Otros intentan perfeccionar las denominadas «baterías de flujo», que consisten en unos líquidos contenidos en depósitos separados que generan electricidad cuando se bombean para juntarlos. Cuanto más grandes sean los depósitos, más energía puede almacenarse, y cuanto más grande la batería, más económica resulta.

Hidroeléctrica reversible. Se trata de un método para conservar cantidades de energía a escala urbana, y funciona de la forma siguiente: en momentos en que la electricidad sale barata (por ejemplo, cuando un viento intenso y constante hace girar las turbinas a toda velocidad), se bombea agua pendiente arriba hasta un embalse; así, cuando la demanda de energía aumenta, se deja que el agua fluya de nuevo pendiente abajo y se utiliza para impulsar una turbina y generar más electricidad.

La energía hidroeléctrica reversible es el mayor sistema de almacenamiento eléctrico a escala de red del mundo. Por desgracia, eso no es mucho decir. Las diez instalaciones más grandes de Estados Unidos almacenan la energía equivalente a menos de la que se consume en el país en una hora. Sin duda ya habrás adivinado por qué no acaba de prosperar este método: para bombear agua cuesta arriba, se requieren un embalse muy grande y, por supuesto, una cuesta. Sin lo uno o lo otro, no hay nada que hacer.

Varias compañías están buscando alternativas. Una estudia la posibilidad de transportar cuesta arriba algo que no sea agua: guijarros, por ejemplo. Otra trabaja en un proceso que eliminaría la necesidad de la cuesta pero no del agua: se bombea bajo tierra, donde queda almacenada a presión, hasta que se libera para hacer girar una turbina. Sería maravilloso que este sistema funcionara, pues habría muy pocas instalaciones no subterráneas de que preocuparse.

Almacenamiento térmico. Se basa en el principio de que, cuando la electricidad resulta menos cara, puede emplearse para calentar algún material. A continuación, cuando se necesita más electricidad, se utiliza ese calor para generarla por medio de un motor térmico. Con esto se logra una eficiencia de entre el 50 y el 60 por ciento, lo que no está nada mal. Los ingenieros conocen numerosos materiales que permanecen calientes durante largo tiempo sin perder mucha energía; el enfoque más prometedor y que centra la atención de varios científicos y empresas consiste en almacenar el calor en sal fundida.

En TerraPower intentamos descubrir cómo utilizar la sal fundida para que (si conseguimos construir una central) no tengamos que competir durante el día con la electricidad de origen solar. La idea es acumular calor durante las horas de sol y convertirlo en electricidad por la noche, cuando no hay energía solar barata disponible.

Hidrógeno barato. Confío en que conseguiremos grandes avances en materia de almacenamiento. Pero también cabe la posibilidad de que surja alguna innovación que haga que todas estas ideas queden obsoletas, del mismo modo que la aparición del ordenador personal hizo prácticamente innecesaria la máquina de escribir.

El hidrógeno barato tendría este efecto en el almacenamiento de electricidad.

El motivo es que el hidrógeno constituye un ingrediente esencial de las pilas de combustible. Estas obtienen energía de una reacción química entre dos gases —por lo general hidrógeno y oxígeno—, sin más subproducto que el agua. Podríamos producir hidrógeno utilizando la electricidad procedente de un parque eólico o solar, almacenar el hidrógeno como gas comprimido o en alguna otra forma, y luego introducirlo en una pila de combustible para generar electricidad en función de la demanda de cada momento. A efectos prácticos, estaríamos usando electricidad limpia para crear un combustible neutro en carbono que podría guardarse durante años y transformarse de nuevo en electricidad en el instante en que haga falta. Además, esto solucionaría el problema del emplazamiento que he mencionado antes; aunque no sea posible cargar luz del sol en un vagón de tren, puede convertirse en combustible y luego transportarse del modo que se prefiera.

El problema es el siguiente: ahora mismo resulta caro producir hidrógeno sin emitir carbono. No es tan eficiente como almacenar la electricidad directamente en una batería, porque primero hay que emplear electricidad para fabricar hidrógeno y luego usar el hidrógeno para producir electricidad. Con tantos pasos, es inevitable perder energía por el camino.

Por otra parte, el hidrógeno es un gas muy ligero, por lo que almacenarlo en un recipiente de tamaño razonable es complicado. Resulta más fácil guardar un gas si se presuriza (esto permite meter una cantidad mayor en un recipiente del mismo volumen), pero las moléculas de hidrógeno son tan pequeñas que, cuando se encuentran bajo presión, pueden llegar a atravesar los metales. Es como si el depósito perdiera gas poco a poco mientras se está llenando.

Por último, el proceso de obtención de hidrógeno (llamado «electrólisis») también requiere diversos materiales (conocidos como «electrolizadores») que son bastante caros. En California, donde ya circulan coches de pila de combustible, el precio del hidrógeno equivale a pagar 1,47 dólares por litro de gasolina. Por consiguiente, los científicos están experimentando con materiales más baratos que puedan servir como electrolizadores.

Otras innovaciones

Captura de carbono. Una posibilidad sería seguir produciendo electricidad como hasta ahora, con gas natural y carbón, pero absorbiendo el dióxido de carbono antes de que llegue a la atmósfera. A esto se le denomina «captura y almacenamiento de carbono», y requiere la instalación de dispositivos especiales en las centrales de combustibles fósiles para que capten las emisiones. Estos sistemas de «captura *in situ*» ya existen desde hace décadas, pero tanto su compra como su funcionamiento resultan costosos, por lo general capturan solo el 90 por ciento de los gases de efecto invernadero correspondientes, y las compañías energéticas no obtienen beneficio alguno por instalarlos. Así pues, son muy pocos los que están operativos. Las políticas inteligentes podrían incentivar la captura de carbono, un tema al que volveremos en los capítulos 10 y 11.

Antes he mencionado una tecnología relacionada, la captura directa de aire. Como su nombre indica, consiste en absorber el carbono directamente del aire. La DAC es más flexible que la captura *in situ* porque puede realizarse en cualquier parte. Además, con toda probabilidad, resultará fundamental para alcanzar la meta del cero; según un estudio de la Academia Nacional de Ciencias de Estados Unidos, tendremos que retirar cerca de 10.000 millones de toneladas de dióxido de carbono al año antes de 2050, y unos 20.000 millones antes de fin de siglo.[16]

Sin embargo, la DAC presenta un desafío técnico mayor que la captura *in situ*, debido a la baja concentración de dióxido de carbono en el aire. Cuando las emisiones proceden de una central de carbón, salen muy concentradas, con una proporción de dióxido de carbono del orden del 10 por ciento, pero una vez en la atmósfera, donde actúa la DAC, se dispersan por completo. Si elegimos al azar una molécula del aire, la probabilidad de que se trate de dióxido de carbono sería de solo una entre dos mil quinientas.

Hay empresas que investigan nuevos materiales que absorben mejor el dióxido de carbono, lo que contribuirá a que tanto la captura *in situ* como la DAC resulten más baratas y eficaces. Por otro lado, los sistemas actuales de DAC requieren mucha energía para atrapar los gases de efecto invernadero, acumularlos y almacenarlos de forma segura. Es imposible realizar todas estas tareas sin gastar algo de energía; las leyes de la física establecen una cantidad mínima para ello. No obstante, la tecnología más reciente emplea mucha más, lo que significa que aún existe un gran margen de mejora.

Consumir menos. Solía mofarme de la idea de que un uso más eficiente de la energía podía tener algún efecto apreciable sobre el cambio climático. Mi razonamiento era que, si dispusiéramos de recursos limitados para reducir las emisiones (y así es), conseguiríamos un mayor impacto acercándonos a las cero emisiones que invirtiendo mucho en intentar disminuir la demanda de energía.

Si bien no he abandonado del todo este punto de vista, lo suavicé cuando comprendí cuántos kilómetros cuadrados de terreno harán falta para generar electricidad a partir del sol y el viento. Un parque solar requiere una superficie entre cinco y cincuenta veces mayor que una central de carbón para generar la misma cantidad de electricidad, y un parque eólico necesita diez veces más terreno que uno solar. Debemos hacer todo lo posible por incrementar las probabilidades de lograr un cien por cien de energía limpia, y esto nos resultará más fácil si reducimos la demanda de electricidad siempre que podamos. Cualquier medida que nos ayude a limitar la magnitud de nuestro objetivo es útil.

Existe otro método relacionado que se denomina «desplazamiento de la carga» o «desplazamiento de la demanda» y que consiste en hacer un uso más coherente de la energía a lo largo del día. Si lo aplicáramos a gran escala, el desplazamiento de la carga implicaría un cambio radical en nuestra manera de entender la electricidad en la vida cotidiana. Ahora mismo, tendemos a generarla cuando la necesitamos; por ejemplo, de noche las centrales eléctricas funcionan a toda máquina para iluminar las ciudades. En el desplazamiento de la demanda se hace lo contrario: utilizar más electricidad en los momentos en que generarla resulta más barato.

Por ejemplo, puedes encender el calentador del agua a las 16.00 horas, cuando hay menos demanda de energía, en lugar de a las 19.00. O bien enchufar el vehículo eléctrico cuando llegues a casa del trabajo y programarlo para que no empiece a cargarse hasta las 4.00, cuando la electricidad es más económica porque hay poca gente usándola. A escala industrial, los procesos de alto consumo energético, como el tratamiento de aguas residuales y la fabricación de combustibles de hidrógeno, pueden llevarse a cabo a una hora del día en que la energía sea más asequible.

Si queremos que el desplazamiento de carga tenga un impacto relevante, necesitaremos introducir algunas modificaciones en los reglamentos oficiales, así como avances tecnológicos. Las compañías de servicios tendrán que actualizar el precio de la electricidad a lo largo del día para ajustarlo a los cambios en la oferta y la demanda, por ejemplo, y tanto los calentadores de agua como los coches eléctricos deberán ser lo bastante inteligentes para procesar esta información y actuar en consecuencia. Y, en casos extremos, cuando la electricidad escasea, deberíamos poder minimizar la demanda, es decir, racionar la electricidad, conceder prioridad a los servicios de primera necesidad (como los hospitales) y cancelar las actividades no esenciales.

Hay que tener presente que, aunque hemos de explorar a fondo todas estas ideas, seguramente no es imprescindible que todas prosperen para que logremos descarbonizar la red eléctrica. Algunas se solapan entre sí. Si se produce un gran descubrimiento que permita abaratar el hidrógeno, por ejemplo, quizá no tengamos que preocuparnos tanto por crear una batería milagrosa.

Lo que cabe afirmar con certeza es que precisamos un plan concreto para desarrollar nuevas redes energéticas que nos proporcionen una electricidad barata, fiable y neutra en carbono siempre que la necesitemos. Si un genio se ofreciera a concederme un deseo, un avance en una de las actividades que contribuyen al cambio climático, elegiría la producción de electricidad: desempeñará un papel fundamental en la descarbonización de otros sectores de la economía física. En el siguiente capítulo me centraré en el primero de ellos: la fabricación del acero y el cemento, entre otras cosas.

5

CÓMO FABRICAMOS COSAS

El 31 por ciento de 51.000 millones de toneladas al año

Entre Medina, Washington, donde vivimos Melinda y yo, y la sede de nuestra fundación, en Seattle, hay un trayecto de trece kilómetros. Para llegar a la oficina, atravieso en coche el lago Washington por el puente flotante de Evergreen Point, denominación oficial por la que ninguno de los vecinos de la zona lo conoce; para ellos es «el puente de la 520», así llamado por la autopista estatal de la que forma parte. Con más de 2.300 metros de longitud, es el puente flotante más largo del mundo.

De vez en cuando, al cruzar el puente de la 520, dedico unos instantes a maravillarme ante la obra de construcción, no porque se trate del puente flotante más largo del mundo, sino porque es *un puente que flota*. ¿Cómo es posible que esa estructura gigantesca, erigida con toneladas de asfalto, hormigón y acero, con cientos de coches encima, flote sobre las aguas de un lago? ¿Por qué demonios no se hunde?

La respuesta es un milagro de la ingeniería obrado por un material asombroso: el hormigón. A primera vista, puede parecer extraño, porque estamos acostumbrados a pensar en el hormigón como en unos bloques pesados que por nada del mundo flotarían. Aunque es verdad que a menudo el hormigón se fabrica así —lo bastante sólido para absorber radiación nuclear en las paredes de un hospital—, en ocasiones también se le da una forma hueca, como la de los setenta y siete pontones estancos y llenos de aire que sustentan el puente de la 520. Cada uno pesa miles de toneladas, está dotado de suficiente flotabilidad para mantenerse en la superficie del lago y es lo bastante resistente para soportar el peso del puente y de los vehículos que circulan por él.[1] O, mejor dicho, avanzan a paso de tortuga durante uno de los atascos que sufrimos a diario.

No hace falta prestar demasiada atención para descubrir otros milagros que obra el hormigón a nuestro alrededor. Como es resistente a la oxidación y al desgaste, forma parte de la mayoría de los edificios modernos. Los entusiastas de la energía hidráulica deben dar gracias al hormigón por posibilitar la existencia de las presas.

Este es el puente de la 520, en Seattle, que atravieso cada vez que me desplazo entre mi casa y la sede de la Fundación Gates. Es una maravilla de la ingeniería moderna.[2]

La próxima vez que visites la estatua de la Libertad, fíjate en el pedestal que la sustenta. Consta de 27.000 toneladas de hormigón.[3]

Las bondades del hormigón no pasaron inadvertidas al inventor más destacado de Estados Unidos. Thomas Edison aspiraba a construir hogares enteros utilizando este material. Soñaba con fabricar muebles, como conjuntos de dormitorio, e incluso trató de diseñar un tocadiscos de hormigón.[4]

Aunque dichos proyectos de Edison nunca llegaron a cristalizar, lo cierto es que utilizamos un *montón* de hormigón. Cada año, entre la reconstrucción y reparación de carreteras, puentes y edificios, y la construcción de otros nuevos, Estados Unidos produce más de 96 millones de toneladas de cemento, uno de los principales componentes del hormigón. Esto supone unos 270 kilos por cada habitante del país. Y eso que los mayores consumidores de este material no somos nosotros, sino China, que ¡instaló más hormigón en los primeros dieciséis años del siglo XXI que Estados Unidos a lo largo de todo el siglo XX!

Evidentemente, el cemento y el hormigón no son los únicos materiales que utilizamos. También está el acero que se emplea en coches, barcos y trenes, frigoríficos y fogones, maquinaria industrial, latas de alimentos e incluso ordenadores. El acero es resistente, barato, duradero y reciclable hasta el infinito. Por si fuera poco,

Estados Unidos (1901–2000)
4.300 millones de toneladas

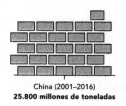

China (2001–2016)
25.800 millones de toneladas

China fabrica mucho cemento. El país ya ha producido más cemento en el siglo XXI que Estados Unidos en todo el XX. (U. S. Geological Survey.)[5]

forma una pareja estupenda con el hormigón: si se introducen barras de acero en un bloque de hormigón, se obtiene un material de construcción mágico capaz de soportar toneladas de peso que además no se rompe al retorcerlo. De ahí que el hormigón armado se use en casi todos los edificios y puentes.

Los estadounidenses consumimos tanto acero como cemento, lo que supone otros 270 kilos por persona al año, sin contar el acero que se recicla para su reutilización.

Los plásticos son asimismo materiales asombrosos. Se encuentran en tantos productos, desde ropa y juguetes hasta muebles, pasando por vehículos y teléfonos móviles, que resulta imposible enumerarlos todos. En la actualidad, tienen mala reputación, lo que en parte se halla justificado. Por otro lado, son de lo más útiles. Mientras escribo este capítulo, sentado a mi escritorio, veo objetos de plástico por doquier: el ordenador, el teclado, la pantalla, el ratón, la grapadora, el teléfono y un largo etcétera. Los plásticos son lo que permite que los coches de bajo consumo sean tan ligeros; si bien confieren al vehículo hasta la mitad de su volumen total, solo representan el 10 por ciento de su peso.[6]

Luego está el vidrio, presente en ventanas, tarros y botellas, materiales de aislamiento, coches y los cables de fibra óptica que permiten las conexiones de alta velocidad a internet. Con el aluminio se elaboran latas de refresco, papel de plata, cables eléctricos, pomos de puertas, trenes, aviones y bidones de cerveza. Los fertilizantes ayudan a alimentar al mundo. Hace años predije que el fin del papel llegaría cuando las comunicaciones electrónicas se generalizaran y las pantallas proliferaran, pero no hay señales de que vaya a desaparecer en un futuro próximo.

En resumidas cuentas, fabricamos materiales que se han vuelto tan esenciales para la vida moderna como la electricidad. No vamos a renunciar a ellos. En todo caso, los utilizaremos más a medida que la población mundial aumente y prospere.

Hay numerosos datos que respaldan esta afirmación —la producción de acero se habrá incrementado en un 50 por ciento a mediados de siglo, por ejemplo—, pero creo que las dos imágenes que se muestran más abajo resultarán igual de convincentes.

Échales una ojeada rápida. Parecen dos ciudades distintas, ¿verdad?

No lo son. En ambas fotografías, aparece Shangai tomada desde el mismo ángulo. La de la izquierda se tomó en 1987; la de la derecha, en 2013. Cuando contemplo todos esos edificios nuevos en la imagen de la derecha, veo toneladas de acero, cemento, vidrio y plástico.

El mismo fenómeno se está produciendo en todo el mundo, aunque pocos lugares han experimentado un desarrollo tan espectacular como Shangai. Quiero recalcar un motivo que se repite a lo largo de este libro: *esta clase de progreso es positiva*. Gracias al crecimiento rápido que se aprecia en estas dos fotos, la vida de muchas personas está mejorando en innumerables aspectos. Están ganando mejores sueldos y recibiendo una educación de mayor calidad,

Estas fotografías plasman los efectos del desarrollo, para bien o para mal. Shangai en 1987 (izquierda) y en 2013 (derecha).[7]

y es menos probable que mueran jóvenes. Todo aquel a quien le importe la lucha contra la pobreza debería alegrarse por ello.

Sin embargo, existe otro motivo que aparece con frecuencia en este libro: *no hay bien que por mal no venga*. La fabricación de estos materiales emite muchos gases de efecto invernadero. De hecho, es responsable de cerca de una tercera parte de las emisiones globales. Y en algunos casos, sobre todo en lo que se refiere al hormigón, no contamos con los medios prácticos para hacerlos sin producir carbono.

Así que intentaremos buscar la cuadratura del círculo, es decir, la manera de seguir produciendo estos materiales sin ocasionar que el mundo se vuelva inhabitable a causa del calentamiento. En aras de la brevedad, nos centraremos en tres de los materiales más importantes: el acero, el hormigón y el plástico. Al igual que con la electricidad, analizaremos cómo hemos llegado hasta aquí y por qué estos materiales resultan problemáticos para el clima. Luego calcularemos las primas verdes que supondría la reducción de emisiones con la tecnología actual y examinaremos las formas de reducirlas y de fabricar todas estas cosas sin emitir carbono.

La historia del acero se remonta a hace unos cuatro mil años. Una larga sucesión de inventos fascinantes a través de los siglos nos llevó de la Edad del Hierro al acero barato y versátil del que disponemos hoy, pero sé por experiencia que a la gente no le interesan mucho las diferencias entre los altos hornos, los hornos de pudelar y el convertidor de Bessemer. Así que haré un resumen de lo principal que hay que saber.

El acero nos gusta porque es resistente y a la vez fácil de moldear cuando está caliente. Para fabricarlo, hacen falta hierro puro y carbono. El hierro por sí solo no es muy fuerte, pero basta con añadir la cantidad justa de carbono —menos de un 1 por ciento, aunque depende del tipo de acero que se desee— para que los átomos de este elemento se acurruquen entre los de hierro y confieran a la aleación sus propiedades más importantes.

El carbono y el hierro no son difíciles de encontrar; el primero se puede obtener del carbón, y el segundo abunda en la corteza terrestre. El hierro en estado puro, en cambio, es muy poco común: cuando se extrae de la tierra, casi siempre está combinado con oxígeno y otros elementos, una mezcla conocida como «mineral de hierro».

Para fabricar el acero, hay que separar el hierro del oxígeno y agregar una pizca de carbono. Pueden conseguirse ambas cosas fundiendo el mineral de hierro a temperaturas muy altas (del orden de mil setecientos grados) en presencia de oxígeno y de un tipo de carbón llamado «coque». Cuando el mineral de hierro se calienta hasta ese punto, libera el oxígeno, y el coque libera el carbono. Una pequeña parte el carbono se une al hierro para crear el acero que queremos, mientras que el resto se aferra al oxígeno, dando lugar a un subproducto no deseado: el dióxido de carbono. Y no hablamos de cantidades pequeñas. Por cada tonelada de acero que se fabrica, se emiten cerca de 1,8 toneladas de este gas.

¿Por qué lo hacemos así? Porque sale barato y porque no teníamos motivaciones para buscar otro sistema hasta que empezamos a preocuparnos por el cambio climático. La extracción del mineral de hierro resulta bastante sencilla (y, por lo tanto, económica). El carbón también es económico, porque abunda en el subsuelo.

Así pues, el mundo continuará su lento avance, fabricando cada vez más acero, a pesar de que la producción en Estados Unidos está prácticamente estancada. Hay varios países que elaboran más acero crudo que Estados Unidos —entre ellos China, India y Japón—, y antes de 2050 la producción mundial alcanzará los 2.800 millones de toneladas al año. Esto significa que a mediados de siglo se verterán en la atmósfera 5.000 millones de toneladas adicionales de dióxido de carbono, procedentes solo de la industria acerera, a menos que encontremos un proceso nuevo y sin efectos nocivos para el clima.

Si esto parece un reto peliagudo, el caso del hormigón es aún más duro (perdón, el juego de palabras no es intencionado). Para fabricarlo, se mezcla grava con arena, agua y cemento. Los tres primeros elementos entrañan relativamente poca dificultad; lo que constituye un problema para el clima es el cemento.

Para elaborar cemento, se necesita cal. Para obtener cal, hay que quemar en un horno piedra caliza —compuesta de calcio, carbono y oxígeno— junto con otros materiales.

Dada la presencia tanto de carbono como de oxígeno, cabe imaginar cómo acaba el asunto. Después de quemar la piedra caliza, obtenemos lo que queríamos —cal para el cemento— y algo que no queríamos: dióxido de carbono. Nadie conoce un sistema para fabricar cemento prescindiendo de este proceso. Se trata de una reacción química —*piedra caliza más calor* igual a *óxido de calcio más dióxido de carbono*—, y no hay vuelta de hoja. Es una relación de uno a uno. Al fabricar una tonelada de cemento, se libera una tonelada de dióxido de carbono.

Y, tal como ocurre con el acero, no hay razones para creer que vayamos a dejar de elaborar cemento. China, el mayor productor con diferencia, fabrica siete veces más cemento que India, que ocupa el segundo puesto, y más que el resto de los países del mundo juntos.[8] Entre ahora y 2050, la producción anual mundial de este material crecerá un poco —ya que, aunque la fiebre de la construcción en China remitirá, se intensificará en países en desarrollo más pequeños— antes de asentarse en unos 4.000 millones de toneladas al año, cifra cercana a la actual.[9]

En comparación con el cemento y el acero, los plásticos son los recién nacidos del grupo. Aunque el ser humano utilizaba plásticos naturales, como el caucho, hace miles de años, los sintéticos surgieron en la década de 1950 gracias a determinados avances en la ingeniería química. Hoy por hoy, existen más de una veintena de tipos de plástico, que van desde aquellos que todos tenemos presentes —como el polipropileno de los envases de yogur, por ejemplo— hasta otros que se utilizan en productos más sorprendentes, como pinturas acrílicas, abrillantadores para el suelo y detergentes para la ropa, así como los microplásticos del jabón y el champú, el nailon de los impermeables o el poliéster de todas esas prendas tan horteras que me ponía en los setenta.

Todos estos tipos de plástico diferentes tienen una cosa en común: contienen carbono. Resulta que el carbono es muy útil para crear toda clase de materiales, pues se enlaza fácilmente con una amplia variedad de elementos distintos; para componer plásticos, tiende a agruparse con el hidrógeno y el oxígeno.

Si has llegado hasta aquí, seguramente no te sorprenderá enterarte de dónde procede buena parte del carbono que utilizan las empresas que fabrican plásticos. Para obtenerlo, se refina petróleo, carbón o gas natural, y luego los productos refinados se procesan de varias maneras. Esto explica en parte la fama de baratos que se han granjeado los plásticos. Al igual que el cemento y el acero, son económicos porque los combustibles fósiles son económicos.

Pero hay un aspecto que supone una diferencia fundamental entre los plásticos, por un lado, y el cemento y el acero, por otro. Cuando producimos estos últimos, liberamos dióxido de carbono como un subproducto inevitable, mientras que, al fabricar plástico, cerca de la mitad del carbono pasa a formar parte del nuevo material. (El porcentaje exacto varía bastante en función del tipo de plástico, pero «cerca de la mitad» es una aproximación razonable.) Al carbono le encanta unirse al oxígeno y al hidrógeno, y es muy reacio a soltarse. Los plásticos tardan cientos de años en degradarse.

Esto representa un problema mayúsculo para el medioambiente, pues los desechos plásticos que se tiran en vertederos y en los océanos permanecerán por allí un siglo o más. Y es algo que vale la pena resolver: los trozos de plástico que flotan en el mar causan toda clase de problemas, entre ellos el envenenamiento de la vida marina. Sin embargo, no agravan el cambio climático. Por lo que se refiere solo a las emisiones, el carbono de los plásticos no es tan malo. Como tardan tanto en degradarse, los átomos de carbono que contienen no se dispersan en la atmósfera y, por tanto, no contribuyen a subir la temperatura..., al menos en mucho tiempo.

Quiero hacer un inciso para recalcar que esta breve visión general solo abarca tres de los materiales más importantes que fabricamos en la actualidad. Estoy dejando de lado el fertilizante, el vidrio, el papel y el aluminio, entre muchas otras cosas. Los puntos clave, no obstante, son los mismos: producimos una cantidad ingente de materiales, lo que se traduce en la proliferación de gases de efecto invernadero, casi una tercera parte de los 51.000 millones de toneladas que se aportan a la atmósfera cada año. Tenemos que reducir esas emisiones a cero, pero dejar de manufacturar productos sin más no es una opción. En el resto de este capítulo examinaremos las alternativas, veremos lo altas que son las primas verdes y luego estudiaremos cómo puede rebajarlas la tecnología para que todo el mundo desee optar por las soluciones de cero emisiones.

Para calcular la prima verde de los materiales, hay que entender de dónde proceden las emisiones cuando fabricamos cosas. Distingo tres etapas en ello: emitimos gases de efecto invernadero (1) cuando utilizamos combustibles fósiles con el fin de generar la electricidad que necesitan las fábricas para funcionar; (2) cuando los usamos para generar el calor que requieren los distintos procesos industriales, como la fundición del mineral de hierro para fabricar acero; y (3) durante la producción propiamente dicha de esos materiales, como el cemento, cuya manufactura genera de forma inevitable dióxido de carbono. Analicemos estas etapas una a una y veamos de qué manera contribuyen a las primas verdes.

Respecto a la primera, relativa a la electricidad, hemos abordado casi todos los desafíos clave en el capítulo 4. Una vez que se suman a la ecuación factores como el almacenamiento, la transmisión y el hecho de que muchas fábricas necesitan energía fiable las veinticuatro horas del día, el coste de la electricidad limpia se incrementa con rapidez, en la mayoría de los países mucho más que en Estados Unidos o en Europa.

Luego está la segunda etapa: ¿cómo se genera calor sin quemar combustibles fósiles? Si no se requieren temperaturas demasiado elevadas, se pueden utilizar bombas de calor eléctricas, entre otros medios técnicos. Ahora bien, cuando se busca alcanzar miles de grados centígrados, la electricidad no constituye una alternativa económica, al menos con la tecnología actual. Hace falta recurrir a la energía nuclear o bien quemar combustibles fósiles y atrapar las emisiones con dispositivos de captura de carbono. Por desgracia, este sistema no sale gratis. Incrementa los costes de los fabricantes, que repercuten en el usuario.

Por último, tenemos la tercera etapa: ¿qué podemos hacer respecto a los procesos que generan de manera intrínseca emisiones de gases de efecto invernadero? No olvidemos que la producción del acero y del cemento libera dióxido de carbono, no solo por la quema de combustibles fósiles, sino como resultado de las reacciones químicas indispensables para su fabricación.

Ahora mismo, la respuesta es clara: hoy por hoy, aparte de poner fin a estas actividades del sector industrial, no podemos hacer nada para acabar con estas emisiones. Si estuviéramos dispuestos a llegar hasta las últimas consecuencias para eliminarlas utilizando la tecnología de la que disponemos en la actualidad, nuestras opciones serían tan limitadas como en la segunda etapa. Habríamos de valernos de los combustibles fósiles y la captura de carbono, lo que, también en este caso, encarecería los costes.

Teniendo presentes las tres etapas, a continuación echemos una ojeada a los distintos valores de las primas verdes derivadas del uso de la captura de carbono para fabricar plástico, acero y cemento verdes:

Primas verdes para el plástico, el acero y el cemento[10]

Material	Precio medio por tonelada	Carbono emitido por tonelada de material fabricado	Precio final después de la captura de carbono	Rangos de las primas verdes
Etileno (plástico)	1.000 $	1,3 toneladas	1.087-1.155 $	9%-15%
Acero	750 $	1,8 toneladas	871-964 $	16%-29%
Cemento	125 $	1 tonelada	219-300 $	75%-140%

Salvo por la del cemento, estas primas no parecen gran cosa. Y es verdad que, en algunos casos, los consumidores apenas notarían la subida de precios. Por ejemplo, un coche de 30.000 dólares puede contener una tonelada de acero; que esta cueste 750 o 950 dólares no afectará mucho al importe total del vehículo. Incluso en el caso de esa botella de Coca-Cola que compraste en una máquina expendedora el otro día, el plástico representa una fracción minúscula del coste total.

En cualquier caso, el precio final de venta al consumidor no es el único factor relevante. Imagina que eres un ingeniero que trabaja para el ayuntamiento de Seattle y estás estudiando las ofertas presentadas para la reparación de uno de nuestros numerosos puentes. Una pretende cobrar 125 dólares por tonelada de cemento; y otra, 250 dólares, pues ha añadido el coste de la captura de carbono. ¿Cuál elegirías? Sin incentivos para inclinarte por el cemento neutro en carbono, escogerás la más barata.

Del mismo modo, si diriges una empresa automovilística, ¿estarás dispuesto a desembolsar un 25 por ciento más en todo el acero que compres? Seguramente no, sobre todo si la competencia decide seguir usando la versión barata. El hecho de que el precio total del coche aumentaría solo ligeramente no te sería de mucho consuelo. Tus ganancias ya son bastante exiguas de por sí, de modo que no te haría muy feliz que el importe de una de tus principales materias primas se encareciera en un 25 por ciento. En un sector con unos márgenes de beneficios tan estrechos, un sobrecoste de esa magnitud podría suponer la diferencia entre mantenerte a flote o irte a pique.

Si bien algunos fabricantes de diferentes sectores accederían a asumir ese sacrificio, y así tener derecho a decir que están arrimando el hombro en la lucha contra el cambio climático, a ese precio resultará imposible impulsar el cambio sistémico que necesitamos para alcanzar el objetivo del cero. Tampoco podemos contar con que los consumidores abaraten estos productos sostenibles incrementando la demanda. Al fin y al cabo, no son ellos quienes compran acero, sino las grandes empresas.

Hay diferentes vías para reducir las primas. Una de ellas consiste en crear demanda de productos verdes a través de medidas oficiales, como por ejemplo la implementación de incentivos o incluso de la obligatoriedad de comprar cemento o acero neutros en carbono. Es mucho más probable que las compañías paguen el sobrecoste de los materiales sostenibles si la ley lo exige, los clientes lo piden y la competencia lo paga. En los capítulos 10 y 11, abordaremos estos incentivos en mayor profundidad.

No obstante —y esto es esencial—, precisamos innovaciones en el proceso de manufactura, maneras de fabricar cosas sin emitir carbono. Veamos algunas posibilidades.

De todos los materiales sobre los que he tratado en este capítulo, el cemento es el que plantea un problema de más difícil solución. El mero hecho de que la *piedra caliza más calor* igual a *óxido de calcio más dióxido de carbono* es insoslayable. No obstante, hay empresas que están desarrollando buenas ideas.

Una de las propuestas consiste en capturar el dióxido de carbono —quizá durante el proceso de fabricación de cemento— e inyectarlo de nuevo en el material de construcción antes de su utilización. La compañía que está trabajando en este proyecto ya cuenta con varias decenas de clientes, incluidos Microsoft y McDonald's; por el momento solo ha conseguido reducir las emisiones en alrededor del 10 por ciento, aunque confía en llegar al 33 por ciento algún día. Otro enfoque, más teórico, es el de producir cemento con agua de mar y el dióxido de carbono emitido por centrales eléctricas y capturado. Los inventores que se encuentran detrás de esta idea creen que a la larga podría reducir las emisiones en más del 70 por ciento.

No obstante, incluso si estas iniciativas prosperan, no nos proporcionarán un cemento cien por cien neutro en carbono. En el futuro inmediato, tendremos que contar con la captura de carbono y la captura directa de aire (si se consigue que resulte práctica) para atrapar el carbono procedente de la elaboración del cemento.

En cuanto a casi todos los demás materiales, lo primero que necesitaríamos sería una *electricidad limpia, fiable y abundante.* La electricidad ya constituye cerca de una cuarta parte de toda la energía que gasta el sector industrial en todo el mundo; para alimentar todos estos procesos, necesitamos recurrir a toda la energía verde con la que ya contamos y desarrollar avances que nos permitan generar y almacenar grandes cantidades de electricidad neutra en carbono de forma económica.

Y pronto se requerirá aún más energía, cuando pongamos en práctica otro sistema para reducir las emisiones: la *electrificación,* es decir, la técnica consistente en utilizar electricidad en vez de combustibles fósiles en algunos procesos industriales. Por ejemplo, una solución genial para la producción de acero sería sustituir el carbón por electricidad verde. Una empresa que sigo con interés ha desarrollado un proceso nuevo denominado «electrólisis de óxido fundido». En lugar de calentar hierro en un horno junto con coque, se aplica corriente a una cápsula que contiene una mezcla de óxido de hierro líquido y otros ingredientes. La electricidad descompone el óxido de hierro, dando como resultado el hierro puro que se requiere para fabricar el acero, y oxígeno puro como subproducto. No se libera dióxido de carbono. Aunque esta técnica parece prometedora —es similar a un proceso que se usa desde hace más de un siglo para purificar el aluminio—, no se ha demostrado que funcione a escala industrial, a diferencia de las otras ideas para fabricar acero sostenible.

La electricidad limpia también nos ayudaría a solucionar otro problema: la producción de plásticos. Si logramos encajar todas las piezas necesarias, algún día estos materiales podrían convertirse en un sumidero de carbono, un medio de absorber carbono en lugar de emitirlo.

Así es como funcionaría: primero necesitaríamos una energía de cero emisiones para alimentar el proceso de refinado. Esto podemos conseguirlo con electricidad limpia o con hidrógeno producido con electricidad limpia. Luego nos haría falta una manera de obtener el carbono para los plásticos sin quemar carbón. Una posibilidad sería extraerlo del dióxido de carbono previamente capturado del aire, pero resultaría caro. Otra iniciativa en la que están trabajando varias empresas es la de obtener carbono de las plantas. Por último, necesitaríamos una fuente de calor neutra en carbono, que seguramente se basaría también en electricidad limpia, hidrógeno o gas natural en combinación con un dispositivo que atrape el carbono emitido.

Si todas estas piezas encajaran, lograríamos fabricar plásticos con emisiones netas negativas. De hecho, habríamos descubierto una manera de retirar carbono de la **atmósfera** (por medio de plantas u otros métodos) y almacenarlo en una botella o algún otro producto de plástico, donde permanecería durante décadas o siglos, sin lanzar emisiones adicionales. Estaríamos guardando más carbono del que liberamos.

Al margen de encontrar formas de fabricar materiales con cero emisiones, otra medida consistiría sencillamente en utilizar menos cosas. Por sí solo, el reciclaje de más acero, cemento y plástico no bastará ni por asomo para eliminar las emisiones de gases de efecto invernadero, pero contribuirá a ello. Podemos reciclar más de lo que lo estamos haciendo, y deberíamos explorar nuevas maneras de reducir la cantidad de energía necesaria para ello. Y, puesto que la reutilización no requiere tanta energía como el reciclaje, también deberíamos buscar maneras de construir y elaborar cosas con materiales reutilizados. Por último, es posible asimismo diseñar edificios y carreteras con el objetivo de limitar el uso del cemento y el acero. En algunos casos, la madera contralaminada —la que se fabrica con capas de láminas superpuestas y encoladas— es lo bastante sólida y resistente para reemplazar ambos materiales.

En resumen, los pasos para llegar a las cero emisiones en la industria serían los siguientes:

1. *Electrificar todos los procesos posibles.* Esto requerirá una innovación considerable.
2. *Obtener esa electricidad de una red descarbonizada.* Para esto también se necesitará innovación.
3. *Absorber las emisiones restantes mediante la captura de carbono.* Y para esto también.
4. *Hacer un uso más eficiente de los materiales.* Lo mismo.

Hay que empezar a habituarse a este mensaje, que reaparecerá con frecuencia en los capítulos siguientes. A continuación, abordaremos el tema de la agricultura, protagonizado por uno de los grandes héroes olvidados del siglo XX, así como por explotaciones repletas de vacas flatulentas.

6

CÓMO CULTIVAMOS Y CRIAMOS

El 19 por ciento de 51.000 millones de toneladas al año

En mi familia, nos encantan las hamburguesas con queso. Cuando era niño e iba de excursión con mi grupo de boy scouts, los chicos siempre querían volver a casa en el coche de mi padre porque él hacía un alto en el camino y nos invitaba a hamburguesas. Muchos años después, en los inicios de Microsoft, me zampé innumerables almuerzos, cenas y tentempiés de medianoche en el establecimiento más cercano de Burgermaster, una de las cadenas de hamburgueserías más antiguas de la zona de Seattle.

Más tarde, cuando Microsoft ya había triunfado pero Melinda y yo aún no habíamos creado la fundación, mi padre empezó a utilizar el Burgermaster de su barrio como oficina no oficial. Se sentaba en el restaurante y almorzaba mientras estudiaba las solicitudes de donativos que nos llegaban. Al cabo de un tiempo, se corrió la voz, y mi padre comenzó a recibir cartas que le enviaban allí. «A la atención de Bill Gates padre, con dirección en el Burgermaster».

Hace mucho que esa época quedó atrás. Han pasado dos décadas desde que mi padre cambió la mesa del Burgermaster por un escritorio en nuestra fundación. Y, aunque todavía me gusta disfrutar de una buena hamburguesa con queso de cuando en cuando, las como con mucha menos frecuencia que antes... desde que he cobrado conciencia del impacto que tiene la carne de ternera y otros animales en el cambio climático.

La cría de animales para la alimentación es una de las principales actividades emisoras de gases de efecto invernadero; ocupa el primer puesto en el sector que los expertos denominan «agricultura, silvicultura y otros usos del territorio», que a su vez abarca una variedad enorme de actividades humanas, desde la ganadería y el cultivo de la tierra hasta la tala de árboles. También abarca una amplia gama de gases de efecto invernadero: en el caso de la agricultura, el principal culpable no es el dióxido de carbono, sino el metano —que ocasiona un calentamiento por molécula 28 veces superior a lo largo de un siglo— y el óxido nitroso, que calienta *265 veces* más.

En total, las emisiones anuales de metano y óxido nitroso equivalen a más de 7.000 millones de toneladas de dióxido de carbono, es decir, más del 80 por ciento de todos los gases de efecto invernadero del sector de la agricultura, la silvicultura y otros usos del territorio. A menos que actuemos para limitar estas emisiones, la cifra continuará aumentando a medida que produzcamos alimentos para una población mundial cada vez más numerosa y rica. Si queremos aproximarnos a la meta del cero, tenemos que encontrar un modo de cultivar plantas y criar animales de tal manera que los gases de efecto invernadero vayan reduciéndose hasta desaparecer.

Por otro lado, la agricultura y la ganadería no constituyen los únicos desafíos. También debemos hacer algo respecto a la deforestación y otros usos del territorio, que en conjunto aportan 1.600 millones de toneladas de dióxido de carbono a la atmósfera, además de destruir hábitats naturales esenciales.[1]

Como corresponde a un tema tan amplio, este capítulo incluye un poco de todo. Examinaremos la figura de uno de mis ídolos, un agrónomo Premio Nobel de la Paz que salvó a mil millones de personas de morir de hambre pero cuyo nombre apenas se conoce fuera del ámbito del desarrollo mundial. También estudiaremos en detalle el estiércol de los cerdos y los eructos de las vacas, la química del amoníaco y la hipótesis de que plantar árboles puede ayudar a prevenir un desastre climático. Ahora bien, antes de entrar en materia, quiero hablar del fracaso histórico de una conocida predicción.

En 1968, Paul Ehrlich, biólogo estadounidense, publicó un superventas titulado *La explosión demográfica*, en el que pintaba un futuro sombrío no muy alejado de la visión distópica de novelas como *Los juegos del hambre*. «La batalla por la alimentación de la humanidad está perdida —escribía—. En las décadas de los setenta y ochenta, cientos de millones de personas morirán de inanición a pesar de los programas de choque que se han puesto en marcha.»[2] Ehrlich añadía que: «Es imposible que para el año 1980 India pueda alimentar a 200 millones de personas más».

Nada de esto ocurrió en realidad. En el tiempo transcurrido desde la publicación de *La explosión demográfica*, la población de India ha crecido en más de 800 millones de habitantes —en la actualidad duplica la que tenía en 1968—, y el país no solo produce el triple de trigo y arroz que en aquel entonces, sino que su economía se ha multiplicado por cincuenta.[3] Los agricultores de muchos otros países de Asia y América del Sur han aumentado su productividad en proporciones parecidas.

Como resultado, a pesar del crecimiento de la población mundial, no están pereciendo cientos de millones de personas a causa del hambre ni en India ni en ningún otro lugar. De hecho, los alimentos no se están encareciendo, sino que son cada vez más asequibles. En Estados Unidos, un hogar promedio gasta un porcentaje más bajo de sus ingresos en comida que hace treinta años,[4] una tendencia que se da también en otras partes del mundo.

No estoy diciendo que la desnutrición no sea un problema grave en algunos sitios. Lo es. De hecho, mejorar la alimentación de las personas más desfavorecidas del mundo constituye una prioridad clave para Melinda y para mí. Pero el vaticinio de Ehrlich sobre hambrunas masivas no se cumplió.

¿Por qué? ¿Qué pasaron por alto Ehrlich y otros alarmistas?

No tuvieron en consideración el poder de la innovación. No contaban con personas como Norman Borlaug, el brillante botánico que desencadenó una revolución en la agricultura que dio pie a los progresos alimentarios en India y otros países. Desarrolló variedades de trigo con el grano más grande y otras características que les permitían proporcionar mucho más alimento por superficie cultivada o, como dicen los agricultores, aumentar el rendimiento por hectárea. (Borlaug descubrió que, al agrandar el grano, el trigo no soportaba su peso, así que se las ingenió para que los tallos crecieran menos, de ahí que sus variedades de trigo se conozcan como semienanas.)

A medida que el trigo semienano de Borlaug se extendía por el mundo y otros criadores realizaban una labor similar con el maíz y el arroz, la productividad se triplicó en casi todas las regiones. Las cifras de víctimas del hambre cayeron en picado, y en la actualidad se atribuye a Borlaug haber salvado mil millones de vidas. Se le otorgó el premio Nobel de la Paz en 1970, y el impacto de su obra ha llegado hasta nuestros días: prácticamente todo el trigo que se cultiva en el mundo desciende de las plantas que él desarrolló.

(Una desventaja de estas nuevas variedades es que requieren grandes cantidades de fertilizante para alcanzar todo su potencial de crecimiento y, como veremos en una sección posterior, estas sustancias tienen efectos secundarios negativos.) Me fascina el hecho de que uno de los héroes más grandes de la historia tuviera un título profesional —agrónomo— del que la mayoría de nosotros ni siquiera había oído hablar.

Pero ¿qué tiene que ver Norman Borlaug con el cambio climático?

La población global alcanzará los 10.000 millones de personas en 2100, y necesitaremos más comida para alimentarlas a todas. Como habrá un 40 por ciento más de gente a fines de siglo, sería lógico suponer que nos hará falta un 40 por ciento más de alimentos, pero no es así. Precisaremos una cantidad aún mayor.

He aquí el porqué: a medida que se incrementa el poder adquisitivo de la gente, esta ingiere más calorías, en especial en forma de carne y lácteos. Y para producir estos alimentos tendremos que incrementar los cultivos. Una gallina, por ejemplo, debe consumir dos calorías de grano por cada caloría de carne que se obtiene de ella, lo que significa que una gallina ingiere el doble de calorías de las que nos proporciona cuando nos la comemos. Un cerdo come tres veces más calorías de las que nos aporta. En el caso de las vacas, la proporción es la más alta: seis calorías de pienso por cada caloría de carne. En otras palabras, cuantas más calorías procedentes de fuentes cárnicas consumamos, más plantas tendremos que cultivar para alimentarlas.

El gráfico de la página siguiente muestra la tendencia en cuanto al consumo de carne en el mundo; si bien está prácticamente estancado en Estados Unidos, Europa, Brasil y México, aumenta con rapidez en China y otros países en desarrollo.

He aquí el dilema: necesitaremos producir mucha más comida que en la actualidad, pero, si continuamos empleando los mismos métodos que ahora, será una catástrofe para el clima. Suponiendo que no se produjeran mejoras en la cantidad de alimentos obtenida por hectárea de pastos o de tierra de labranza, aumentar la producción lo suficiente para dar sustento a 10.000 millones de personas incrementaría las emisiones del sector alimentario en dos terceras partes.

Otro dato preocupante: si proporcionamos un gran impulso a la generación de energía a partir de las plantas, podríamos desencadenar sin querer una competencia feroz por las tierras de cultivo. Como se describe en el capítulo 7, los biocombustibles avanzados producidos a partir de plantas como el pasto varilla constituyen un posible medio para propulsar camiones, barcos y aviones sin emisiones de carbono. Sin embargo, si cultivamos esas plantas en terrenos que de otro modo se utilizarían para alimentar a una población en crecimiento, podríamos provocar de forma involuntaria una subida de los precios de los alimentos, lo que condenaría a aún más personas a la pobreza y la desnutrición, y aceleraría el ya peligroso ritmo de deforestación.

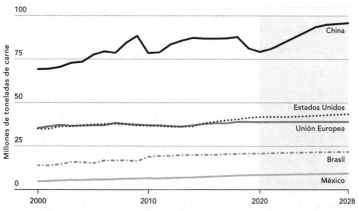

La mayoría de los países no consumen más carne que antes. Sin embargo, China constituye una excepción importante. (OCDE-FAO Perspectivas agrícolas 2020.)[5]

Para sortear estas trampas, durante los próximos años, habremos de dar pasos de gigante, como hizo Borlaug. Antes de analizar en qué pueden consistir estos avances, quiero explicar de dónde proceden exactamente todas estas emisiones y explorar las opciones para eliminarlas por medio de la tecnología actual. Como en el capítulo anterior, recurriré a las primas verdes para mostrar por qué la eliminación de esos gases de efecto invernadero hoy por hoy saldría demasiado cara, así como para defender el argumento de que necesitamos inventos nuevos.

Lo que nos lleva a los eructos de las vacas y el estiércol de los cerdos.

Si echas un vistazo al estómago de una persona, encontrarás una sola cavidad donde se inicia la digestión de los alimentos antes de su paso al tracto intestinal. En cambio, si te fijas en el estómago de una vaca, verás cuatro compartimentos, que son los que permiten que el animal coma hierba y otras plantas indigeribles para los humanos. En un proceso denominado «fermentación entérica», las bacterias del interior del estómago de la res descomponen la celulosa de la planta, la fermentan y, como resultado, se produce metano. La vaca expulsa casi todo este gas por la boca, aunque una pequeña parte sale por el otro extremo en forma de ventosidad.

(Por cierto, tocar este tema puede dar pie a conversaciones extrañas. Todos los años, Melinda y yo publicamos una carta abierta sobre nuestro trabajo, y en la de 2019 decidí escribir sobre el problema de la fermentación entérica en el ganado. Un día, mientras revisábamos un borrador, Melinda y yo entablamos un sano debate sobre cuántas veces convenía que empleara el término «pedo» en el texto. Me convenció de que rebajara el número a uno. Como único autor de este libro, disfruto de mayor libertad de acción y tengo intención de aprovecharla.)

En el mundo, hay aproximadamente mil millones de cabezas de ganado destinadas a la producción de carne y lácteos.[6] El metano que liberan mediante pedos y eructos cada año tiene el mismo efecto en el calentamiento que 2.000 millones de toneladas de dióxido de carbono, lo que representa cerca del 4 por ciento de las emisiones globales.

Los pedos y eructos de gas natural son un problema que solo afecta a las vacas y otros rumiantes, como las ovejas, las cabras, los ciervos y los camellos. Sin embargo, todos los animales tienen algo en común que también genera emisiones: la caca.

Cuando la caca se descompone, libera una potente mezcla de gases de efecto invernadero, compuesta en su mayor parte de óxido nitroso, con un poco de metano, azufre y amoníaco. Aproximadamente la mitad de las emisiones relacionadas con los excrementos procede del estiércol de cerdo, y el resto procede del de vaca. Los animales hacen tanta caca que esta constituye la segunda causa de las emisiones en el sector de la agricultura, después de la fermentación entérica.

¿Qué podemos hacer respecto a todos estos pedos, eructos y cacas? No es una cuestión sencilla. Los investigadores han puesto a prueba múltiples ideas para lidiar con la fermentación entérica. Han intentado reducir el número de microbios metanogénicos que viven en el vientre de los animales por medio de vacunas, criar ganado que produzca menos emisiones de manera natural e incorporar piensos o fármacos especiales a su dieta. Aunque en general sus esfuerzos han resultado infructuosos, hay una excepción prometedora, un compuesto llamado 3-nitrooxipropanol, que disminuye las emisiones de metano en un 30 por ciento. Por el momento, sin embargo, debe administrarse a las reses al menos una vez al día, por lo que resulta inviable para la mayor parte de las explotaciones ganaderas.

Aun así, existen motivos para creer que podemos reducir estas emisiones sin recurrir a tecnología nueva y sin una prima verde excesiva. Resulta que la cantidad de metano que produce una vaca determinada depende en gran medida del lugar donde vive; por ejemplo, las vacas de América del Sur emiten hasta cinco veces más gases de efecto invernadero que las de América del Norte, y el ganado africano emite todavía más. Es probable que una res que se cría en América del Norte o en Europa pertenezca a una raza mejorada que convierte el pienso en leche y carne de manera más eficiente. Además, recibe mejores cuidados veterinarios y alimento de mejor calidad, lo que se traduce en una menor producción de metano.

Si conseguimos extender a más regiones las razas mejoradas y las buenas prácticas —y, sobre todo, si aumentamos la productividad de las vacas africanas por medio de cruces y fabricamos un pienso más económico y nutritivo—, reduciremos las emisiones y ayudaremos a incrementar los ingresos de los ganaderos pobres. Esto se aplica asimismo al tratamiento del estiércol; los ganaderos de los países ricos tienen acceso a diversas técnicas que les permiten eliminarlo emitiendo menos gases de efecto invernadero. A medida que estos métodos se abaraten, podrán utilizarlos más ganaderos de bajos recursos, lo que acrecentará nuestras probabilidades de disminuir las emisiones.

Un partidario acérrimo del veganismo quizá propondría otra solución: «En lugar de probar todas estas maneras de limitar las emisiones, deberíamos dejar de criar ganado». Reconozco la fuerza de este argumento, pero no me parece realista. Para empezar, la carne también desempeña un papel importante en la cultura humana. En muchos lugares del mundo, incluso allí donde es un bien escaso, su consumo forma parte esencial de las fiestas y celebraciones. En Francia, el menú gastronómico —compuesto por entrante, carne o pescado, queso y postre— figura de manera oficial en el patrimonio cultural inmaterial de la humanidad. Según la web de la UNESCO, el menú gastronómico «subraya la importancia que tienen el hecho de sentirse a gusto juntos, el placer de degustar manjares y bebidas, y la armonía entre los seres humanos y los productos de la naturaleza».[7]

Con todo, podemos comer menos carne y aun así disfrutar de su sabor. Una opción es la carne vegetal, elaborada a partir de ingredientes derivados de plantas y procesados de varias maneras para imitar el sabor de la carne. Hace algún tiempo invertí en dos empresas que en la actualidad comercializan productos cárnicos vegetales —Beyond Meat e Impossible Foods—, así que no soy imparcial, pero en mi opinión la carne artificial no está nada mal. Si se prepara como es debido, es un sucedáneo bastante convincente de la ternera picada. Todas las alternativas que existen en el mercado son mejores para el medio ambiente, porque su producción no solo utiliza mucha menos tierra y agua, sino que causa menos emisiones. Además, requiere producir una menor cantidad de cereales, lo que disminuye la presión sobre los cultivos y el uso de fertilizantes. Por añadidura, que hubiera menos reses encerradas en espacios reducidos representaría una enorme mejora para el bienestar animal.

No obstante, la carne artificial acarrea primas verdes elevadas. De promedio, el sucedáneo de ternera picada cuesta un 86 por ciento más que la carne de verdad.[8] Pero confío en que, a medida que asciendan las ventas de estas alternativas y se diversifique la oferta, acaben siendo más baratas que la carne animal.

La gran incógnita respecto a la carne artificial, sin embargo, no está relacionada con el dinero, sino con el sabor. Aunque la textura de una hamburguesa es relativamente fácil de imitar con ingredientes vegetales, cuesta mucho más engañar a la gente para que crea que de verdad está comiéndose un filete o una pechuga de pollo. ¿La carne vegetal gustará lo suficiente a los consumidores para que la elijan por encima de la animal? ¿El número de personas que cambiarán sus hábitos alimentarios será lo bastante alto para suponer una diferencia significativa?

Estamos viendo indicios de que sí. He de reconocer que me sorprende lo bien que les está yendo a Beyond Meat e Impossible Foods, sobre todo teniendo en cuenta las dificultades con que toparon en sus comienzos. Asistí a una demostración de Impossible Foods donde churruscaron tanto la hamburguesa que se disparó la alarma contra incendios. Es asombrosa la amplia disponibilidad de sus productos, al menos en la zona de Seattle y las ciudades que visito. Beyond Meat cosechó un éxito considerable en 2019 con su oferta pública de venta de acciones. Tal vez falte una década todavía, pero estoy convencido de que, a medida que los productos mejoren y bajen de precio, las personas preocupadas por el cambio climático y el medio ambiente acabarán por pasarse a ellos.

Existe otro planteamiento similar al de la carne vegetal, pero que no consiste en cultivar plantas y procesarlas para que sepan a ternera, sino en crear la carne en un laboratorio. A menudo se la conoce por nombres poco apetitosos como «carne in vitro», «carne cultivada» o «carne limpia», y más de una veintena de empresas emergentes se esfuerzan por comercializarla, aunque es probable que sus productos no lleguen a las estanterías de los supermercados hasta mediados de la década de 2020.

Hay que tener presente que no se trata de carne *falsa*. La carne cultivada en laboratorio contiene grasa, músculo y tendones, al igual que la de cualquier bípedo o cuadrúpedo. Sin embargo, en lugar de criarse en una explotación, se crea en un laboratorio. Después de extraer células de un animal vivo, los científicos dejan que se multipliquen y a continuación las inducen a formar los tejidos que estamos acostumbrados a comer. Todo esto puede conseguirse con pocas o nulas emisiones de gases de efecto invernadero, salvo por la electricidad que requieren los laboratorios para llevar a cabo el proceso. El inconveniente de esta iniciativa es que resulta muy cara, y no está claro hasta qué punto podrán reducirse los costes.

Por otra parte, ambos tipos de carne artificial se enfrentan a otra ardua batalla. Al menos diecisiete asambleas legislativas estatales de Estados Unidos han tratado de impedir que estos productos se etiqueten como carne en las tiendas. Un estado incluso ha propuesto prohibir su venta. Así pues, aunque la tecnología mejore y los productos se abaraten, necesitaremos entablar un debate público sano acerca de su regulación, empaquetamiento y comercialización.

Existe una última manera de reducir las emisiones procedentes del sector alimentario: derrochando menos alimentos. En Europa, las zonas industrializadas de Asia y el África subsahariana, más del 20 por ciento de la comida simplemente se tira, se deja pudrir o se desperdicia de otro modo. En Estados Unidos se desecha el 40 por ciento de la comida. Esto es malo para quienes tienen muy poco que comer, para la economía y para el clima. La descomposición de los alimentos desechados produce una cantidad de metano equivalente a 3.300 millones de toneladas de dióxido de carbono al año.

La solución más importante estriba en el cambio de hábitos, en aprovechar mejor aquello que ya tenemos. Pero la tecnología también puede ayudarnos. Por ejemplo, dos empresas están trabajando en un recubrimiento invisible y vegetal que alarga la vida de frutas y verduras; es comestible y no afecta al sabor en absoluto. Otra compañía ha desarrollado una «cesta inteligente» que se vale del reconocimiento de imágenes para medir la cantidad de alimentos que se desperdician en hogares u oficinas. Elabora un informe sobre todo lo que se ha desechado, junto con el coste y la huella de carbono correspondientes. Aunque quizá parezca un sistema algo invasivo, proporcionar más información a la gente puede ayudarla a tomar mejores decisiones.

Hace unos años, entré en un almacén en Dar es-Salaam, Tanzania, y vi algo que me entusiasmó: miles de toneladas de fertilizante sintético formaban pilas tan altas como montones de nieve. La nave pertenecía al centro de distribución de fertilizante Yara, el más grande de su tipo en África oriental. Me paseé por el almacén, conversando con los trabajadores que rellenaban bolsas con unas bolitas blancas diminutas que contenían nitrógeno, fósforo y otros nutrientes que pronto abonarían cultivos de una de las regiones más pobres del mundo.

Esta es la clase de viajes que me encanta. Sé que suena un poco ridículo, pero el fertilizante me parece algo mágico, y no solo porque embellece nuestros patios y jardines. Junto con el trigo semienano de Norman Borlaug y las nuevas variedades de maíz y arroz, el fertilizante fue un factor clave en la revolución agrícola que cambió el mundo en los sesenta y setenta. Se calcula que, si no pudiéramos producir fertilizante sintético, la población mundial sería entre un 40 y un 50 por ciento menor.

El mundo ya utiliza mucho fertilizante, y los países en desarrollo deberían utilizar aún más. La revolución agrícola que he mencionado —también conocida como Revolución Verde— apenas

De visita en la central de distribución de fertilizante en Dar es-Salaam, Tanzania, en 2018. Lo estoy pasando incluso mejor de lo que parece.[9]

dejó huella en África, donde un agricultor medio no obtiene más que la quinta parte de alimento por hectárea que uno estadounidense. Esto se debe a que en los países pobres la mayoría de los agricultores no disponen de crédito suficiente para comprar fertilizante, que por añadidura es más caro que en los países ricos, porque se transporta a las zonas rurales por carreteras mal asfaltadas. Si ayudamos a los productores de bajos recursos a mejorar el rendimiento de sus cultivos, dispondrán de más ingresos y alimentos, y millones de habitantes de algunos de los países más desfavorecidos del mundo tendrán acceso a más comida y a los nutrientes que necesitan. (Profundizaremos en este tema en el capítulo 9.)

¿En qué consiste la magia del fertilizante? En que proporciona a las plantas las sustancias nutritivas esenciales, como fósforo, potasio y un elemento especialmente relevante para el cambio climático: el nitrógeno. El nitrógeno tiene sus pros y sus contras. Guarda una relación estrecha con la fotosíntesis, el proceso mediante el cual las plantas transforman la luz del sol en energía, por lo que hace posible toda la vida vegetal y, por tanto, todas nuestras fuentes de alimentación. Para entender por qué, debemos analizar el efecto que tiene en las plantas.

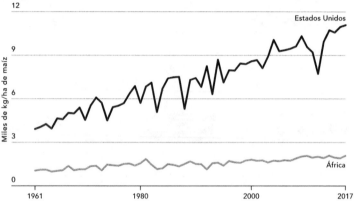

Hay grandes desigualdades en la agricultura. Gracias al fertilizante y otras mejoras, los agricultores estadounidenses obtienen ahora más maíz por unidad de superficie que nunca. Por el contrario, la productividad de la agricultura africana apenas ha cambiado. Superar esta desigualdad salvará vidas y ayudará a la gente a salir de la pobreza, pero, sin innovación, también contribuirá a agravar el cambio climático. (FAO)[10]

Para que los cultivos rindan, se requieren toneladas de nitrógeno, una cantidad mucho mayor de la que se encuentra en un entorno natural. Para que las plantas de maíz alcancen los tres metros de altura y produzcan grano en abundancia, hay que añadir nitrógeno. Curiosamente, la mayor parte de las plantas no elabora su propio nitrógeno; en lugar de eso, lo obtienen del amoníaco de la tierra, generado por diversos microorganismos. Las plantas continúan creciendo mientras reciben nitrógeno y dejan de crecer en cuanto se agota. De ahí que al añadir nitrógeno se potencie el crecimiento.

Durante milenios, la humanidad aportaba a los cultivos el nitrógeno adicional por medio de abonos naturales como el estiércol y el guano de murciélago. El gran avance llegó en 1908, cuando dos químicos alemanes, Fritz Haber y Carl Bosch, descubrieron cómo sintetizar amoníaco a partir de nitrógeno e hidrógeno en una fábrica. Cuesta exagerar la trascendencia de este hallazgo. Lo que en la actualidad se conoce como el proceso de Haber-Bosch hizo posible la creación del fertilizante sintético, lo que incrementó tanto el rendimiento de los cultivos como la diversidad de terrenos donde podían cultivarse. Continúa siendo el principal método para fabricar amoníaco en la actualidad. Del mismo modo que Norman Borlaug es uno de los grandes héroes desconocidos de la historia, Haber-Bosch podría ser el inventor más importante del que la mayoría de la gente no ha oído hablar.*

El problema es el siguiente: los microorganismos que elaboran nitrógeno gastan mucha energía en el proceso. Tanta, de hecho, que han evolucionado para llevarlo a cabo solo en caso absolutamente necesario, es decir, cuando no hay nitrógeno en la tierra que los rodea. En cuanto detectan este elemento en cantidades suficientes, dejan de producirlo y aprovechan la energía para otras cosas. Así pues, cuando añadimos fertilizante sintético, los organismos naturales del suelo perciben el nitrógeno y dejan de generarlo por sí mismos.

El fertilizante sintético adolece de otros inconvenientes. Para fabricarlo, hay que producir amoníaco mediante un proceso que requiere calor, el cual se obtiene quemando gas natural, lo que a su vez libera gases de efecto invernadero. A continuación, para transportarlo desde las instalaciones donde se produce hasta el almacén

---

* La historia de Fritz Haber tiene luces y sombras. Además de salvar vidas con su trabajo relacionado con el amoníaco, fue pionero en el uso de cloro y otros gases venenosos como armas químicas durante la Primera Guerra Mundial.

donde se guarda (como el que visité en Tanzania), y de allí a los campos en que se utiliza, se carga en camiones que funcionan con gasolina. Por último, una vez que el fertilizante se ha aplicado al suelo, gran parte del nitrógeno que contiene no se ve absorbido por las plantas. De hecho, en los cultivos de todo el mundo aprovechan menos de la mitad del nitrógeno que se agrega a los campos de labranza. El resto se filtra a través de la tierra hasta contaminar aguas subterráneas o superficiales, o escapa por el aire en forma de óxido nitroso, que, como recordarás, tiene un potencial de calentamiento 265 veces mayor que el dióxido de carbono.

En total, los fertilizantes fueron responsables de aproximadamente 1.300 millones de toneladas de emisiones de gases de efecto invernadero en 2010, y la cifra sin duda aumentará hasta los 1.700 millones a mediados de siglo. Haber-Bosch da, y HaberBosch quita.

Por desgracia, ahora mismo no existe una alternativa a los fertilizantes que resulte práctica y neutra en carbono. Es cierto que podríamos eliminar las emisiones derivadas de su fabricación utilizando electricidad limpia en lugar de combustibles fósiles para sintetizar el amoníaco, pero ese proceso es caro y elevaría el precio del fertilizante de manera considerable. En Estados Unidos, por ejemplo, emplear este método con el fin de sintetizar urea para fertilizantes a partir del nitrógeno incrementaría su coste en más de un 20 por ciento.

Pero estas son solo las emisiones causadas por la *fabricación* del fertilizante. No conocemos ningún modo de capturar los gases de efecto invernadero causados por su *aplicación*. No existe un equivalente de la captura de carbono para el óxido nitroso. Eso significa que no puedo calcular la prima verde total para el fertilizante neutro en carbono, lo cual por sí solo constituye un dato útil, ya que nos indica que necesitamos innovaciones significativas en este terreno.

Desde el punto de vista técnico, es posible aumentar la eficiencia con que las plantas absorben el nitrógeno si los agricultores disponen de la tecnología necesaria para monitorizar de forma minuciosa los niveles de nitrógeno y aplicar fertilizante en la cantidad justa a lo largo de una temporada de cultivo. No obstante, se trata de un proceso que exige dinero y tiempo, mientras que el fertilizante es barato (al menos en los países ricos). Resulta más económico aplicar más cantidad de la que necesitas, pues es la manera de asegurarte de que estás utilizando al menos lo suficiente para maximizar el crecimiento de los cultivos.

Algunas empresas han desarrollado aditivos que en teoría ayudan a las plantas a asimilar más nitrógeno, de manera que sea una menor cantidad la que se vea arrastrada hacia el manto freático o se evapore en la atmósfera. Sin embargo, estos aditivos se usan en solo el 2 por ciento de los fertilizantes del mundo, porque su eficacia es irregular y los fabricantes no invierten mucho en mejorarlos.

Otros expertos están trabajando en soluciones distintas para el problema del nitrógeno. Algunos investigadores, por ejemplo, están empleando técnicas genéticas para crear nuevas variedades de cultivos capaces de conseguir que unas bacterias fijen el nitrógeno que necesitan. Por otro lado, una compañía ha desarrollado microbios genéticamente modificados que también fijan el nitrógeno; de hecho, en vez de añadir nitrógeno a través de un fertilizante, se añaden a la tierra bacterias que siempre producen nitrógeno, incluso cuando ya se encuentra presente. Si estos métodos funcionan, reducirán de manera espectacular la necesidad de utilizar fertilizantes y todas las emisiones correspondientes.

Todos estos factores que acabamos de estudiar —y que englobo en la categoría agricultura— son responsables de alrededor del 70 por ciento de las emisiones procedentes de los cultivos, la silvicultura y otros usos del territorio. Si tuviera que resumir el 30 por ciento restante con una palabra, esta sería «deforestación».

Según el Banco Mundial, el planeta ha perdido más de un millón trescientos mil kilómetros cuadrados de cubierta forestal desde 1990[11] (lo que representa una superficie mayor que la de Sudáfrica o Perú, y un decrecimiento de cerca del 3 por ciento). Esto tiene efectos negativos inmediatos y evidentes —si los árboles se queman, por ejemplo, dejan escapar rápidamente todo el dióxido de carbono que encierran—, pero también otros más difíciles de percibir. Al desarraigar un árbol, se remueve la tierra, que resulta que almacena mucho carbono (de hecho, el suelo contiene más carbono que la atmósfera y toda la vida vegetal juntas). Cuando se empiezan a arrancar árboles, ese carbono almacenado se libera a la atmósfera como dióxido de carbono.

Sería más fácil detener la deforestación si sus causas fueran las mismas en todas partes, pero, por desgracia, no es así. En Brasil, por ejemplo, casi toda la destrucción de la selva tropical amazónica durante las últimas décadas se ha llevado a cabo para despejar terrenos con objeto de destinarlos al pastoreo. (Los bosques de Brasil han menguado en un 10 por ciento desde 1990.) Como los alimentos se comercializan en los mercados internacionales, lo que se consume en un país puede ocasionar cambios en el uso del territorio de otros. A medida que el mundo come más carne, la deforestación en Latinoamérica se acelera. Que aumente el número de hamburguesas en cualquier parte implica que disminuya el número de árboles allí.

Por otro lado, todas estas emisiones se acumulan con rapidez. Según un estudio del Instituto de Recursos Mundiales, si se tienen en cuenta los cambios en el uso del territorio, la dieta de estilo estadounidense es responsable de casi tantas emisiones como toda la energía que se emplea para la producción de electricidad, la industria, el transporte y la construcción en el país.[12]

Sin embargo, en otras zonas del mundo, la deforestación no es consecuencia del intento de satisfacer la demanda de hamburguesas y filetes. En África, por ejemplo, se despejan terrenos con el fin de cultivar alimentos y combustible para la creciente población del continente. Nigeria, con uno de los índices de deforestación más altos del mundo, ha perdido más del 60 por ciento de su cubierta forestal desde 1990 y es uno de los mayores exportadores de carbón vegetal, que se origina a partir de la madera calcinada.

En Indonesia, por otra parte, están talando bosques para plantar las palmeras de las que se obtiene el aceite de palma que se usa en toda clase de productos, desde las palomitas de los cines hasta el champú. Es una de las principales razones por las que el país ocupa el cuarto puesto entre los mayores emisores de gases de efecto invernadero.[13]

Ojalá pudiera hablarte de un invento revolucionario que salvará los bosques del mundo. Hay un puñado de técnicas que podrían ayudar, como la monitorización vía satélite, que facilita la detección de actividad deforestadora y de incendios forestales en el momento en que se están produciendo, así como la evaluación a posteriori de los daños y su extensión. Asimismo, sigo los avances de empresas que están desarrollando alternativas sintéticas al aceite de palma con el fin de que dejemos de talar tantos bosques para sustituirlos por plantaciones de palma aceitera.

Sin embargo, la clave del problema no reside en la tecnología, sino en la política y la economía. La gente no corta árboles por maldad, sino cuando tiene más alicientes para cortarlos que para dejarlos donde están. Por lo tanto, necesitamos soluciones políticas y económicas, como ofrecer incentivos a los países para que conserven sus bosques, instaurar normas para proteger ciertas zonas y garantizar que las comunidades rurales cuenten con distintas opciones de subsistencia y no se vean obligadas a explotar recursos naturales solo para sobrevivir.

Quizá hayas oído hablar de una solución forestal al cambio climático: plantar árboles para absorber dióxido de carbono de la atmósfera. Aunque en principio parece una idea sencilla —se trata de una captura de carbono barata que no requiere tecnología— y tiene un atractivo evidente para todos los que amamos los árboles, en realidad suscita una discusión más compleja. Aunque hace falta estudiarlo más a fondo, por el momento da la impresión de que se exagera mucho sobre su efecto en el cambio climático.

Como suele ocurrir con todo lo relacionado con este tema, hay que tener en cuenta varios factores...

¿Cuánto dióxido de carbono puede absorber un árbol durante su vida? Varía, pero, como regla rápida, podemos calcular que en cuarenta años captura cuatro toneladas.

¿Cuánto tiempo sobrevivirá el árbol? Si arde, todo el dióxido de carbono que almacena se liberará a la atmósfera.

¿Qué habría sucedido si no hubiéramos plantado ese árbol? Si en el mismo lugar hubiera crecido un árbol de manera natural, no habríamos aportado una absorción adicional de carbono.

¿En qué parte del mundo plantaremos el árbol? En promedio, en las regiones muy frías los árboles contribuyen más al calentamiento que al enfriamiento, porque son más oscuros que la nieve y el hielo que tienen debajo, y lo oscuro absorbe más calor que lo claro. En cambio, los árboles de los bosques tropicales contribuyen más al enfriamiento, porque desprenden mucha humedad, la cual acaba formando nubes que reflejan la luz del sol. En el caso de los árboles de las latitudes medias —entre los trópicos y los círculos polares—, se da más o menos un equilibrio.

¿Ocupaban otras plantas ese espacio? Si, por ejemplo, se elimina una plantación de soja para sustituirla por un bosque, se reduce el número total de semillas de soja disponibles, lo que las encarecerá e incrementará las probabilidades de que alguien tale árboles en otro sitio para cultivar soja. Esto contrarrestaría, al menos en parte, las consecuencias positivas de haber plantado esos árboles.

Si consideramos todos estos factores, los números apuntan a que necesitaríamos al menos veinte hectáreas de árboles en zonas tropicales para absorber las emisiones producidas por un estadounidense medio a lo largo de su vida. Si multiplicamos esta cifra por la población de Estados Unidos, salen más de 6.400 millones de hectáreas, es decir, 64 millones de kilómetros cuadrados, aproximadamente la mitad de la superficie de la masa continental de la tierra. Habría que conservar esos árboles para siempre, y eso solo para capturar las emisiones de Estados Unidos, pues no hemos incluido en el cálculo las de otros países.

No quiero que se me malinterprete: los árboles tienen toda clase de ventajas, tanto estéticas como ambientales, y debemos plantar más. En general, es posible que los árboles crezcan solo en espacios que ya ocupaban antes, así que esta medida podría ayudar a compensar los daños causados por la deforestación. Sin embargo, no existe una manera práctica de plantarlos de modo que mitiguen los problemas causados por la quema de combustibles fósiles. Desde el punto de vista de la silvicultura, la estrategia más eficaz para luchar contra el cambio climático consiste en dejar de talar tantos árboles que ya existen.

La conclusión de todo esto es que pronto tendremos que producir un 70 por ciento más de alimentos y a la vez reducir las emisiones con vistas a eliminarlas por completo. Para ello harán falta muchas nuevas ideas sobre maneras distintas de fertilizar plantas, criar ganado y desperdiciar menos comida, y los habitantes de los países ricos habremos de modificar algunos hábitos, como, por ejemplo, comer menos carne. Incluso los forofos de las hamburguesas.

7

CÓMO NOS DESPLAZAMOS

El 16 por ciento de 51.000 millones de toneladas al año

Empecemos con un pequeño test de solo dos preguntas.

1. ¿Qué contiene más energía?
   A. Un litro de gasolina
   B. Un cartucho de dinamita
   C. Una granada de mano

2. ¿Qué es más barato en Estados Unidos?
   A. Un litro de leche
   B. Un litro de zumo de naranja
   C. Un litro de gasolina

Las respuestas correctas son la A y la C: la gasolina. Esta sustancia contiene una cantidad asombrosa de energía; haría falta juntar unos 490 cartuchos de dinamita para obtener tanta energía como la que contiene un litro de gasolina. La dinamita libera toda su energía de golpe, por supuesto, mientras que la gasolina arde de forma más lenta, lo que, entre muchas otras cosas, explica por qué llenamos el depósito de los coches con gasolina y no con explosivos.

En Estados Unidos, la gasolina es asimismo extraordinariamente barata, aunque cuando llega el momento de parar en la gasolinera no siempre lo parece. Aparte de la leche y el zumo de naranja, hay otras cosas que son más caras: el agua embotellada Dasani, el yogur, el detergente para la ropa, el sirope de arce, el gel de manos, el *latte* de Starbucks, la bebida energética Red Bull, el aceite de oliva y el vino Charles Shaw, famoso por su bajo precio, que se vende en los supermercados Trader Joe's. En efecto: *el precio por litro de la gasolina es más barato que el vino de dos pavos.*

Al leer el resto del capítulo, ten presentes estos dos datos sobre la gasolina: pega fuerte y es barata.* Son un buen recordatorio de que, a la hora de valorar cuánta energía obtenemos por cada dólar que pagamos, hay que tomar la gasolina como punto de referencia. Aparte de productos similares como el diésel o el combustible de aviones, no existe nada en nuestra vida cotidiana que proporcione tanta energía por litro a tan bajo coste.

Los conceptos paralelos de energía por unidad de combustible y energía por dólar invertido cobrarán gran importancia cuando busquemos maneras de descarbonizar nuestro sistema de transporte. Como sin duda ya sabes, cuando los coches, barcos y aviones queman combustible, emiten dióxido de carbono, lo que contribuye al calentamiento global. Para conseguir el objetivo de las cero emisiones, tendremos que sustituir esos combustibles por algo que posea la misma densidad de energía y resulte igual de económico.

---

* Por supuesto, para quienes dependen del coche, la gasolina es más necesaria que el resto de los artículos que enumero. En nuestro país, las personas que vigilan lo que gastan, la subida del precio de la gasolina les afecta más que el encarecimiento del aceite de oliva, por ejemplo, que no es de primera necesidad. Pero no deja de ser cierto que, en comparación con otras cosas que consumimos con regularidad, sale relativamente barata.

Quizá te sorprenda que trate el tema del transporte en un capítulo tan avanzado del libro y que esta actividad solo aporte el 16 por ciento de las emisiones mundiales, lo que la sitúa en cuarta posición después de la industria, la electricidad y la agricultura. A mí también me sorprendió cuando me enteré, y sospecho que lo mismo le ocurre a la mayoría de la gente. Si abordáramos a un desconocido al azar por la calle y le preguntáramos qué actividades son las que más contribuyen al cambio climático, seguramente mencionaría la quema de carbón para generar electricidad, los vehículos motorizados y los aviones.

La confusión es comprensible: si bien el transporte no constituye la causa principal de las emisiones a escala mundial, sí que es la primera en Estados Unidos, desde hace ya unos años, justo por delante de la producción de electricidad. Los estadounidenses conducimos y volamos mucho.

En cualquier caso, si queremos acercarnos a las cero emisiones, tendremos que eliminar todos los gases de efecto invernadero emitidos por los medios de transporte, tanto en Estados Unidos como en el resto del mundo.

¿Nos resultará fácil? En absoluto. Pero tampoco es imposible.

Durante el 99,9 por ciento de la historia de la humanidad, nos desplazamos sin depender de combustibles fósiles en absoluto. Caminábamos, cabalgábamos a lomos de animales o navegábamos a vela. Luego, a principios del siglo XIX, descubrimos cómo impulsar locomotoras y barcos de vapor con carbón, y ya no hubo vuelta atrás. Unas décadas después, los trenes cruzaban continentes enteros y los vapores surcaban océanos con personas y mercancías a bordo. El automóvil de gasolina apareció a finales de siglo, y, en la primera mitad del XX, surgió la aviación comercial, que ha llegado a convertirse en un elemento esencial para la economía mundial.

Aunque apenas han transcurrido doscientos años desde que comenzamos a quemar combustibles fósiles para transportarnos, ahora dependemos totalmente de ellos. Jamás dejaremos de utilizarlos sin un sustituto igual de económico y con la misma autonomía para las distancias largas.

Nos encontramos ante otro desafío: no bastará con que eliminemos los 8.200 millones de toneladas de carbono que liberan los medios de transporte en la actualidad; tendremos que eliminar más. Según las predicciones de la Organización para la Cooperación y el Desarrollo Económicos, la demanda de transporte seguirá incrementándose hasta al menos 2050, incluso teniendo en cuenta el hecho de que la COVID-19 ha limitado los viajes y el comercio.[1] El aumento de emisiones del sector no es atribuible a los turismos, sino a la aviación y el transporte en camión y en barco. Por volumen, el transporte marítimo mueve nueve décimas partes del comercio internacional y produce casi un 3 por ciento de las emisiones globales.

Muchos de los gases de efecto invernadero generados por el transporte proceden de países ricos, si bien la mayor parte de estos alcanzaron en la década pasada su nivel máximo de emisiones, que han disminuido ligeramente desde entonces. Hoy por hoy, casi todo el incremento del carbono relacionado con el transporte se da en países en desarrollo, cuyas poblaciones crecen, prosperan y compran más vehículos. Como de costumbre, China constituye el mejor ejemplo; sus emisiones por transporte se han duplicado en la última década y se han multiplicado por diez desde 1990.

A riesgo de parecer un disco rayado, haré una afirmación sobre

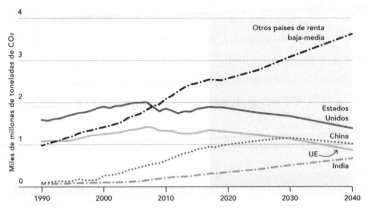

La COVID-19 está ralentizando —aunque no deteniendo— el crecimiento de las emisiones por transporte. Si bien las emisiones se reducirán en muchos lugares, crecerán tanto en los países de ingresos medios y altos que el efecto general será un incremento de los gases de efecto invernadero. (AIE Perspectiva energética mundial 2020; Rhodium Group.)[2]

el transporte similar a las que he hecho acerca de la electricidad, la industria y la agricultura: *debemos alegrarnos de que cada vez circulen más personas y bienes*. La posibilidad de desplazarse entre zonas rurales y urbanas es una forma de libertad personal, y no digamos ya una cuestión de supervivencia para los agricultores de los países pobres que necesitan hacer llegar sus productos al mercado. Los vuelos internacionales conectan el mundo de maneras que habrían resultado inimaginables hace un siglo; poder reunirnos con ciudadanos de otros países nos ayuda a comprender nuestras metas comunes. Antes de que existieran los sistemas de transporte modernos, la variedad de alimentos era más bien limitada durante gran parte del año. Personalmente me encantan las uvas y me gusta comerlas todo el año. Este hecho solo es posible gracias a los buques portacontenedores que traen fruta de América del Sur y que hoy por hoy funcionan con combustibles fósiles.

Así pues ¿cómo podemos conservar todas las ventajas de los

viajes y los transportes sin convertir el mundo en un lugar inhabitable a causa del clima? ¿Disponemos de la tecnología que necesitamos o lo que necesitamos son innovaciones?

Para responder a estas preguntas, hay que calcular las primas
verdes del transporte. Empezaremos por ahondar en el origen de
estas emisiones.

El gráfico circular de la página siguiente muestra los porcentajes de
emisiones que proceden de coches, camiones, aviones, barcos y
demás. Nuestro objetivo es conseguir que el balance neto sea cero.

Observa que los vehículos particulares (coches, deportivos utilitarios, motocicletas, etcétera) son responsables de casi la mitad de
las emisiones. Los vehículos de medio y gran tonelaje —desde los
camiones de la basura hasta los gigantes de dieciocho ruedas— representan otro 30 por ciento. Los aviones contribuyen con una
décima parte de todas las emisiones, al igual que los buques portacontenedores y otras embarcaciones, y los trenes aportan el resto.*

Examinaremos estas categorías una a una, empezando por la
porción más grande del gráfico —los vehículos particulares—, y
estudiaremos las opciones de que disponemos en la actualidad para
eliminar las emisiones.

Vehículos particulares. En el mundo hay cerca de mil millones
de coches en circulación.[3] Solo en 2018, el número de vehículos
particulares aumentó en unos 24 millones, una vez restados los
que se retiraron.[4] Como es inevitable que la quema de gasolina

---

* Un breve recordatorio: aquí solo cuento las emisiones procedentes del combustible quemado por los vehículos. Las que derivan de su manufactura —la
producción del acero y el plástico, el funcionamiento de las fábricas y cosas por el
estilo— están incluidas en «Cómo fabricamos cosas», el tema del capítulo 5.

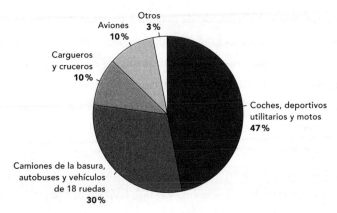

Los coches no son los únicos culpables. Los vehículos particulares son responsables de casi la mitad de las emisiones debidas al transporte. (International Council on Clean Transportation.)[5]

genere gases de efecto invernadero, necesitamos una alternativa: o bien combustibles elaborados a partir de carbono que ya está en el aire en lugar del que contienen los combustibles fósiles o bien una fuente de energía totalmente distinta.

Analicemos primero la segunda opción. Por fortuna, sí que contamos con otra forma de energía que —aunque lejos de ser perfecta— tiene una eficacia demostrada. De hecho, seguramente tu concesionario más cercano vende coches que la utilizan.

En la actualidad pueden comprarse coches cien por cien eléctricos de marcas que abarcan más de la mitad del alfabeto: Audi, BMW, Chevrolet, Citroën, Fiat, Ford, Honda, Hyundai, Jaguar, Kia, Mercedes-Benz, Nissan, Peugeot, Porsche, Renault, Smart, Tesla y Volkswagen, entre muchos otros nombres, demasiado numerosos para mencionarlos, incluidos los de fabricantes de China e India. Soy propietario de un vehículo eléctrico, y me encanta.

Aunque estos coches antes eran mucho más caros que las versiones equivalentes de gasolina, y siguen siendo la opción más costosa, la diferencia se ha reducido de manera espectacular en los últimos años. Esto obedece en gran medida a un descenso vertiginoso del precio de las baterías —una disminución del 87 por ciento desde 2010—, así como a diversas deducciones fiscales y al compromiso de varios gobiernos de poner en circulación más vehículos de cero emisiones. Con todo, los coches eléctricos conllevan una modesta prima verde.

Veamos, por ejemplo, el caso de dos modelos fabricados por Chevrolet: el Malibu de gasolina y el Bolt EV, cien por cien eléctrico.

Sus características son más o menos comparables en lo relativo a la potencia del motor, el espacio para los pasajeros y detalles por el estilo. El Bolt vale 14.000 dólares más (aunque los incentivos fiscales pueden abaratarlo), pero no podemos calcular la prima verde basándonos únicamente en el precio de compra del vehículo. Lo importante no es solo cuánto cuesta adquirirlo, sino también lo que cuesta *tenerlo*. Pensemos, por ejemplo, que los eléctricos requieren un menor mantenimiento y funcionan con electricidad en lugar de con gasolina. Por otro lado, como los eléctricos son más caros, hay que pagar más por el seguro.

Si consideramos todas estas diferencias y los gastos totales derivados de la tenencia, el Bolt cuesta unos seis centavos más por kilómetro conducido que el Malibu.[6]

Malibu
Desde 22.095 $

Bolt EV
Desde 36.620 $

km/l: 12 en ciudad / 15 en carretera
Capacidad de carga: 440 litros
Caballos de fuerza: 250

Autonomía: 400 km
Capacidad de carga: 1.600 litros
Caballos de fuerza: 200

Comparativa Chevy contra Chevy. El Malibu de gasolina y el Bolt EV, cien por cien eléctrico. (Chevrolet.)[7]

¿Qué implican esos seis centavos por kilómetro? Para alguien que conduzca 20.000 kilómetros al año, supone un sobrecoste anual de 1.200 dólares, una cifra en absoluto desdeñable, pero lo bastante baja para que muchos compradores potenciales consideren que el vehículo eléctrico es una alternativa razonable.

Y ese es el promedio nacional en Estados Unidos. La prima verde será distinta en otros países, pues el factor principal radica en la diferencia entre el precio de la electricidad y el de la gasolina. (La prima verde será más reducida cuanto más barata sea la electricidad o más cara sea la gasolina.) En algunas partes de Europa, el precio de la gasolina es tan elevado que la prima verde de los vehículos eléctricos ya ha llegado a cero. Mi previsión es que, incluso en Estados Unidos, mientras el coste de las baterías continúe descendiendo, la prima para casi todos los coches se reducirá a cero antes de 2030.

Es una gran noticia, y a medida que los coches eléctricos se vuelvan más asequibles, cabe esperar que se generalicen en las carreteras. (Al final de este capítulo hablaré un poco más de cómo lograrlo.) Sin embargo, incluso en 2030, los eléctricos continuarán teniendo desventajas respecto a los coches de gasolina.

Una de ellas es que el precio de la gasolina fluctúa mucho, y los vehículos eléctricos solo representan la opción más barata cuando ese precio sobrepasa una cifra concreta. En un momento determinado de mayo de 2020, el precio medio de la gasolina en Estados Unidos había caído hasta los 46 centavos por litro; cuando la gasolina sale tan barata, el vehículo eléctrico no puede competir; las baterías son sencillamente demasiado caras. Dado el coste actual de las baterías, los propietarios de coches eléctricos no ahorran más que cuando la gasolina vale alrededor de 80 centavos por litro o más.

Otro inconveniente es que se tarda al menos una hora en cargar por completo un vehículo eléctrico, mientras que el depósito de un coche de gasolina se llena en menos de cinco minutos. Además, su utilidad para evitar las emisiones depende de que la electricidad proceda de fuentes neutras en carbono. Esta es otra de las razones por las que los avances que mencionábamos en el capítulo 4 son tan importantes. Si obtenemos la electricidad del carbón y cargamos nuestros coches eléctricos con ella, simplemente estaremos sustituyendo un combustible fósil por otro.

Por otra parte, nos llevará un tiempo retirar de la circulación todos nuestros vehículos de gasolina. En promedio, un coche circula durante más de trece años desde que sale de la cadena de montaje hasta que alcanza su morada final en el desguace. Este ciclo de vida tan largo implica que, si quisiéramos que todos los vehículos particulares del país funcionaran con electricidad antes de 2050, en los próximos quince años habría que conseguir que casi el cien por cien de los coches que se vendieran fuesen eléctricos. Hoy en día estos representan el 2 por ciento de las ventas.

Como he mencionado antes, otra manera de llegar al cero consiste en pasarnos a combustibles líquidos alternativos que utilicen carbono que ya se hallaba en la atmósfera. Al quemar estos combustibles, no liberamos carbono adicional al aire, sino que simplemente devolvemos el mismo carbono al medio en que se encontraba antes de su absorción.

Al leer «combustibles alternativos», quizá pienses en el etanol, un biocarburante elaborado por lo general a base de maíz, caña de azúcar o remolacha azucarera. Muchos de quienes viven en Estados Unidos ya utilizan este biocarburante en sus coches; casi toda la gasolina que se vende en el país contiene un 10 por ciento de etanol, producido casi en su totalidad a partir del maíz. En Brasil hay coches impulsados por etanol puro derivado de la caña de azúcar. El resto de los países apenas lo usan.

El problema es el siguiente: el etanol basado en maíz no es neutro en carbono y, dependiendo de su proceso de elaboración, en ocasiones ni siquiera es bajo en carbono. El cultivo de la materia prima requiere fertilizante. El refinado, que convierte las plantas en combustible, también produce emisiones. Por otro lado, estas plantaciones ocupan tierras que de otro modo podrían destinarse a la producción de comida, y algunos agricultores se ven obligados a talar bosques para dar cabida a los cultivos de alimentos.

A pesar de todo, los combustibles alternativos no son una causa perdida. Existen biocarburantes avanzados de segunda generación que no presentan los mismos problemas que los biocombustibles convencionales. Pueden elaborarse a partir de plantas que no se cultivan como alimento —a menos que haya aficionados a la ensalada de pasto varilla— o a partir de desechos agrícolas (como los tallos de maíz), subproductos de la fabricación de papel o incluso sobras de comida o desperdicios de jardinería. Como no se trata de cultivos comestibles, apenas requieren fertilizante y no tienen que sembrarse en campos que cabría dedicar a producir alimentos para humanos o animales.

Algunos biocarburantes avanzados serán lo que los expertos denominan *drop-in*, es decir, podrán utilizarse directamente en motores convencionales sin necesidad de modificarlos. Una ventaja más: es posible transportarlos mediante los mismos buques cisterna, oleoductos y demás infraestructuras que ya existen y cuya construcción y mantenimiento han costado millones de dólares.

Aunque soy optimista respecto a los biocombustibles, se trata de un terreno complicado. La experiencia personal me ha enseñado lo difícil que resulta realizar un avance importante. Hace años me enteré de que una empresa estadounidense había patentado un proceso para convertir la biomasa, como por ejemplo árboles, en combustible. Cuando visité la planta, me quedé impresionado y, tras llevar a cabo una diligencia debida, invertí 50 millones de dólares en ella. Sin embargo, su tecnología no funcionaba lo bastante bien —a causa de varios fallos técnicos, la fábrica no alcanzaba el volumen de producción requerido para resultar rentable—, por lo que la planta que había visitado acabó cerrando. Había invertido 50 millones de dólares en un proyecto sin futuro, pero no me arrepiento. Necesitamos explorar toda clase de ideas, aun sabiendo que muchas fracasarán.

Por desgracia, la investigación en biocarburantes avanzados sigue sin contar con fondos suficientes, y estos combustibles están lejos de poder utilizarse a la escala que haría falta para descarbonizar el sistema de transporte. En consecuencia, usarlos como sustituto de la gasolina resultaría bastante caro. Como los expertos difieren respecto al coste exacto de estos y otros combustibles verdes, y hay estimaciones para todos los gustos, incluyo aquí los promedios procedentes de diferentes estudios.

Prima verde para la sustitución de la gasolina por biocombustibles avanzados[8]

Tipo de combustible	Precio de venta por litro	Opción neutra en carbono por litro	Prima verde
Gasolina	0,64 $	1,32 $ (biocombustibles avanzados)	106%

Nota: en esta tabla y las posteriores, los precios de venta indicados son el promedio de los precios registrados en Estados Unidos entre 2015 y 2018. Los de las opciones neutras en carbono reflejan las estimaciones actuales.

Si bien los biocarburantes obtienen la energía de las plantas, no es la única manera posible de crear combustibles alternativos. También puede usarse electricidad neutra en carbono para combinar el hidrógeno del agua con el carbono del dióxido de carbono con el fin de dar lugar a combustibles de hidrocarburo. Como se emplea energía eléctrica en el proceso, estas sustancias reciben a veces el nombre de «electrocombustibles». Figuran entre los combustibles *drop-in* y, como están compuestos de dióxido de carbono capturado de la atmósfera, quemarlos no aumenta las emisiones totales.

No obstante, los electrocombustibles también presentan un inconveniente: son muy caros. Se requiere hidrógeno para elaborarlos y, como se menciona en el capítulo 4, cuesta mucho obtener hidrógeno sin emitir carbono. Además, para producirlos, hay que utilizar electricidad limpia —si no, no tiene sentido—, y todavía no contamos en nuestras redes con una corriente barata y limpia que permita fabricar combustibles de manera económica. La suma de todo esto da como resultado una prima verde elevada:

Primas verdes para la sustitución de la gasolina por alternativas neutras en carbono[9]

Tipo de combustible	Precio de venta por litro	Opción neutra en carbono por litro	Prima verde
Gasolina	0,64 $	1,32 $ (biocombustibles avanzados)	106 %
Gasolina	0,64 $	2,16 $ (electrocombustibles)	237 %

¿Qué implica esto para el consumidor? En Estados Unidos, una familia media gasta unos 2.000 dólares al año en gasolina.[10] Así pues, si el precio se duplica, el sobrecoste para todos los vehículos particulares convencionales del país será de 2.000 dólares, y si se triplica, de 4.000 dólares.

Camiones de la basura, autobuses y camiones de dieciocho ruedas. Por desgracia, las baterías son una solución menos práctica para los autobuses y camiones que recorren grandes distancias.

Cuanto mayor es el vehículo y más largo el trayecto que debe recorrer sin recarga, más difícil resultará alimentar el motor con electricidad. Esto se debe a que las baterías pesan, almacenan una cantidad limitada de energía y solo pueden suministrar al motor una parte determinada de esa energía a la vez. (Se requiere un motor más potente —y con más baterías— para propulsar un camión pesado que para un tres puertas ligero.)

Los vehículos de medio tonelaje, como los camiones de la basura y los autobuses urbanos, en general son relativamente livianos, por lo que la electricidad constituye una opción viable para ellos. Además, poseen la ventaja de que realizan recorridos no muy largos y cada noche se aparcan en el mismo sitio, así que resulta sencillo instalar estaciones de carga para ellos. La ciudad de Shenzhen, en China —con 12 millones de habitantes—, ha electrificado toda su flota de autobuses, más de 16.000, y casi dos terceras partes de sus taxis.[11] Habida cuenta de la cantidad de autobuses eléctricos que se venden en China, creo que la prima verde para este medio de transporte llegará a cero en menos de una década, lo que permitirá a la mayor parte de las ciudades del mundo renovar sus flotas.

Sin embargo, si queremos aumentar la distancia y la potencia —por ejemplo, para conducir un camión de dieciocho ruedas cargado de mercancías de un extremo a otro del país, en vez de un autobús repleto de estudiantes en una ruta por el barrio—, necesitaremos cargar con muchas más baterías. Y, al añadir baterías, también se añade peso. *Mucho* peso.

Kilo por kilo, la mejor batería de iones de litio disponible en la actualidad almacena treinta y cinco veces menos energía que la gasolina. En otras palabras, obtener la misma cantidad de energía que aporta un litro de gasolina requeriría baterías que pesaran treinta y cinco veces más que el carburante.

Shenzhen, en China, ha electrificado su flota de 16.000 autobuses.[12]

Analicemos las implicaciones prácticas de esto. Según un estudio de 2017 realizado por dos ingenieros mecánicos de la Universidad Carnegie Mellon, un camión de transporte de mercancías eléctrico capaz de recorrer mil kilómetros con una sola carga necesitaría tantas baterías que tendría que reducir la mercancía en un 25 por ciento.[13] Un camión con una autonomía de 1.500 kilómetros sería impensable: requeriría tal cantidad de baterías que apenas podría transportar mercancía.

No hay que olvidar que un camión diésel común tiene la capacidad de recorrer más de 1.600 kilómetros sin repostar. De modo que, para electrificar el parque de camiones de Estados Unidos, las empresas de transporte habrían de operar con vehículos que transportaran menos peso, parasen con mayor frecuencia, pasaran horas enteras recargándose y de alguna manera fueran capaces de transitar por largos tramos de carretera donde no hubiera estaciones de recarga. No es algo que vaya a ocurrir en un futuro próximo. Aunque la electricidad es una buena opción para cubrir distancias cortas, no resulta práctica para los camiones pesados que efectúan viajes largos.

Como no podemos electrificar los camiones de carga, las únicas soluciones factibles hoy por hoy son los electrocombustibles y los biocarburantes avanzados. Por desgracia, también acarrean primas verdes prohibitivas. Añadámoslas a la tabla.

Primas verdes para la sustitución del diésel por alternativas neutras en carbono[14]

Tipo de combustible	Precio de venta por litro	Opción neutra en carbono por litro	Prima verde
Diésel	0,71 $	1,45 $ (biocombustibles avanzados)	104%
Diésel	0,71 $	2,39 $ (electrocombustibles)	236%

Barcos y aviones. No hace mucho, estaba conversando con mi amigo Warren Buffet sobre cómo descarbonizar los aviones en todo el mundo. Warren me preguntó: «¿Por qué no puede funcionar con baterías un Jumbo Jet?». Él ya sabía que, en el momento del despegue, el combustible representa entre el 20 y el 40 por ciento del peso de un reactor. Así que, cuando le hablé del hecho sorprendente de que se necesita un peso 35 veces mayor en baterías que en combustible de aviación para obtener la misma energía, lo comprendió de inmediato. Cuanta más energía se requiere, más peso gana el avión. Llega un punto en que pesa tanto que no puede elevarse del suelo. Warren sonrió, asintió con la cabeza y se limitó a responder: «Ah».

Cuando se intenta propulsar algo tan pesado como un buque portacontenedores o un avión de pasajeros, la regla empírica que he formulado antes —*cuanto más grande sea el vehículo y mayor sea la distancia que queremos que recorra, más difícil resultará utilizar la electricidad como fuente de energía*— se convierte en ley. A menos que se produzca un avance revolucionario, cosa poco probable, las baterías nunca serán tan ligeras ni potentes para alimentar aviones o barcos salvo en distancias cortas.

Veamos por dónde va la tecnología punta en estos momentos. El mejor avión cien por cien eléctrico del mercado puede llevar a dos pasajeros, alcanzar una velocidad máxima de trescientos cuarenta kilómetros por hora y volar durante tres horas sin recargar.* En cambio, un Boeing 787 de capacidad media puede transportar 296 pasajeros, alcanzar una velocidad de más de mil kilómetros por hora y volar durante casi veinte horas antes de parar a repostar.[15] En otras palabras, un reactor de pasajeros propulsado por combustibles fósiles tiene capacidad para volar a una velocidad tres veces mayor, realizar trayectos seis veces más largos y llevar a bordo casi ciento cincuenta veces más personas que el mejor avión eléctrico del mercado.

Las baterías están mejorando, pero parece difícil que logren salvar estas diferencias abismales. Con mucha suerte, quizá lleguen a triplicar su densidad energética, en cuyo caso esta sería aún doce veces más pequeña que la de la gasolina o el combustible de aviación. Nuestra mejor apuesta sería sustituir este carburante por electrocombustibles y biocarburantes avanzados, pero fijémonos en las cuantiosas primas verdes que esto traería consigo.

Primas verdes para la sustitución de combustible de aviación por alternativas neutras en carbono[16]

Tipo de combustible	Precio de venta por litro	Opción neutra en carbono por litro	Prima verde
Combustible de aviación	0,58 $	1,41 $ (biocombustibles avanzados)	143%
Combustible de aviación	0,58 $	2,32 $ (electrocombustibles)	300%

* Por lo general, la velocidad de los aviones se mide en nudos, pero la mayoría de la gente (incluido yo) no sabe cuánto es un nudo. En cualquier caso, los nudos no difieren mucho de las millas por hora.

Lo mismo ocurre con los buques de carga.[17] Los mejores portacontenedores convencionales son capaces de transportar un cargamento doscientas veces mayor que los dos barcos eléctricos que están en servicio en la actualidad, así como de efectuar travesías cuatrocientas veces más largas. Se trata de ventajas en absoluto desdeñables para unos barcos que tienen que cruzar océanos enteros.

Dada la importancia que han cobrado los buques portacontenedores para la economía mundial, me temo que nunca será económicamente viable que funcionen con otra cosa que no sean combustibles líquidos. Adoptar las alternativas supondría un gran paso adelante; el transporte naval por sí solo es responsable del 3 por ciento de todas las emisiones, de modo que el uso de combustibles verdes comportaría una reducción significativa. Por desgracia, el combustible que utilizan los portacontenedores —conocido como «combustible búnker»— está tirado de precio, porque se elabora a partir de los residuos del refinado del petróleo. Como el combustible actual es tan barato, las primas verdes para los barcos son muy altas:

Primas verdes para la sustitución de combustible búnker por alternativas neutras en carbono[18]

Tipo de combustible	Precio de venta por litro	Opción neutra en carbono por litro	Prima verde
Combustible búnker	0,34 $	1,45 $ (biocombustibles avanzados)	**327%**
Combustible búnker	0,34 $	2,39 $ (electrocombustibles)	**602%**

Como resumen, he aquí una recopilación de todas las primas verdes que constan en este capítulo:

Primas verdes para la sustitución de los combustibles actuales por alternativas neutras en carbono[19]

Tipo de combustible	Precio de venta por litro	Opción neutra en carbono por litro	Prima verde
Gasolina	0,64 $	1,32 $ (biocombustibles avanzados)	106%
Gasolina	0,64 $	2,16 $ (electrocombustibles)	237%
Diésel	0,71 $	1,45 $ (biocombustibles avanzados)	104%
Diésel	0,71 $	2,39 $ (electrocombustibles)	236%
Combustible de aviación	0,58 $	1,41 $ (biocombustibles avanzados)	143%
Combustible de aviación	0,58 $	2,32 $ (electrocombustibles)	300%
Combustible búnker	0,34 $	1,45 $ (biocombustibles avanzados)	327%
Combustible búnker	0,34 $	2,39 $ (electrocombustibles)	602%

¿Estaría dispuesta la mayoría de la gente a aceptar estas subidas de precios? No queda claro, pero recordemos que la última vez que en Estados Unidos aumentó el impuesto federal sobre la gasolina —o se impuso cualquier tipo de incremento— fue hace más de un cuarto de siglo, en 1993. Dudo que los estadounidenses aceptaran de buen grado pagar más por el combustible.

Hay cuatro maneras de reducir las emisiones derivadas del transporte. Una consiste en limitar la actividad en sí: conducir, volar y navegar menos. Deberíamos abrazar alternativas como caminar, montar en bicicleta o compartir vehículo, y es genial que algunas ciudades hayan puesto en marcha planes urbanísticos para fomentarlas.

Otra forma de disminuir las emisiones consiste en emplear menos materiales con una alta huella de carbono en la fabricación de coches, si bien esto no afectaría a las emisiones que hemos tratado en este capítulo. Como he mencionado en el capítulo 5, todos los vehículos se fabrican con materiales como el acero y los plásticos, que no pueden producirse sin emitir gases de efecto invernadero. Cuantos menos materiales de este tipo se utilicen en la manufactura de automóviles, menor será su huella de carbono.

La tercera manera de recortar las emisiones se basa en un uso más eficiente del combustible. Este tema recibe mucha atención por parte de los legisladores y de la prensa, al menos en lo que respecta a vehículos particulares y camiones; en casi todas las economías más avanzadas, su fabricación está regulada por normativas de eficiencia energética, lo que ha supuesto una gran diferencia, al obligar a las empresas automovilísticas a financiar la aplicación de ingeniería avanzada al desarrollo de motores más eficientes.

Las normativas, sin embargo, se quedan cortas. Por ejemplo, hay propuestas de normas para las emisiones en el transporte naval y aéreo internacional, pero son prácticamente imposibles de aplicar. ¿Qué país tendría jurisdicción para sancionar las emisiones de carbono producidas por un buque portacontenedores en medio del océano Atlántico?

Además, si bien fabricar y usar vehículos más eficientes constituyen pasos importantes en la buena dirección, no nos bastará para alcanzar la meta del cero. Aunque quemáramos menos gasolina, seguiríamos quemando gasolina.

Esto nos lleva al cuarto modo —el más eficaz— de eliminar las emisiones debidas al transporte: pasarnos a los vehículos eléctricos y los combustibles alternativos. Como he argumentado en este capítulo, ambas opciones conllevan primas verdes de magnitudes diversas. Busquemos maneras de rebajarlas.

Cómo reducir la prima verde

Para los vehículos particulares, la prima verde está descendiendo y acabará por reducirse a cero. Es cierto que, a medida que los coches de mayor kilometraje y los eléctricos vayan reemplazando a los vehículos actuales, bajarán las rentas públicas procedentes de los impuestos sobre los carburantes, lo que cabe que disminuya los fondos disponibles para la construcción y el mantenimiento de carreteras. Los estados podrían compensar los ingresos perdidos cobrando a los propietarios de eléctricos una tarifa adicional cuando renueven las matrículas —diecinueve estados ya lo hacen en el momento en que escribo estas líneas—, pese a que esto significa que los eléctricos tardarán uno o dos años más en ser tan baratos como los de gasolina.

Existe otro factor que frena la popularización del vehículo eléctrico: el amor de los estadounidenses por los todoterrenos voluminosos que chupan mucha gasolina. En 2019 compramos más de 5 millones de coches y 12 millones de todoterrenos y deportivos utilitarios.[20] Salvo un 2 por ciento, todos funcionan con gasolina.

Para dar la vuelta a la situación, necesitaremos políticas gubernamentales creativas. Con objeto de acelerar la transición, podemos adoptar medidas que estimulen la compra de vehículos eléctricos y desplegar una red de estaciones de carga para facilitar las cosas a sus propietarios. Los compromisos a escala nacional pueden ayudar a incrementar la oferta de coches y disminuir los costes; China, India y varios países de Europa han anunciado su objetivo de eliminar de forma gradual los vehículos —sobre todo particulares— que utilicen combustibles fósiles a lo largo de las próximas décadas. California se ha comprometido a comprar solo autobuses eléctricos a partir de 2029 y a prohibir la venta de coches de gasolina antes de 2035.

Luego, para alimentar todos estos vehículos eléctricos que esperamos que algún día se encuentren en circulación, precisaremos una gran cantidad de energía verde, un motivo más por el que resulta tan importante recurrir a las fuentes renovables y buscar los avances en materia de generación y almacenamiento que mencionaba en el capítulo 4.

También deberíamos explorar la posibilidad de desarrollar buques portacontenedores con motores nucleares. Esto entrañaría riesgos reales (entre otras cosas, debemos asegurarnos de que el combustible nuclear no se libere si el barco se hunde), pero muchos de los desafíos técnicos ya se han resuelto. Al fin y al cabo, ya existen submarinos militares y portaviones que funcionan con energía nuclear.

Por último, tenemos que realizar un enorme esfuerzo por explorar todas las maneras posibles de fabricar biocarburantes y electrocombustibles baratos. Empresas e investigadores están barajando diversas vías, como nuevas formas de producir hidrógeno por medio de la electricidad, el uso de la energía solar o el aprovechamiento del hidrógeno liberado por algunos microorganismos como producto secundario. Cuanto más investiguemos, más oportunidades crearemos para la consecución de avances importantes.

Es raro que quepa resumir la solución a un problema en una sola frase, pero, en lo que al transporte se refiere, el futuro libre de emisiones de carbono se reduce, en esencia, a lograr que el máximo número posible de vehículos funcione con electricidad, y el resto, con combustibles alternativos.

En el primer grupo figuran los turismos y todoterrenos particulares, los camiones de bajo y medio tonelaje, y los autobuses. En el segundo grupo están los camiones que recorren distancias largas, los trenes, los aviones y los buques portacontenedores. Por lo que respecta al coste, los turismos eléctricos pronto resultarán tan económicos para sus propietarios como los de gasolina, lo cual es muy bueno. En cambio, los combustibles alternativos siguen siendo bastante caros, lo cual no es tan bueno. Necesitamos innovaciones que hagan bajar esos precios.

Este capítulo ha tratado sobre cómo transportamos personas y mercancías de un lugar a otro. A continuación hablaremos de los lugares a los que nos dirigimos —nuestras casas oficinas y centros educativos—, así como de lo que hará falta para que sigan siendo habitables en un mundo más caluroso.

8

CÓMO CALENTAMOS Y ENFRIAMOS

El 7 por ciento de 51.000 millones de toneladas al año

Jamás me habría imaginado que la malaria pudiese tener algo que me gustase. Mata a 400.000 personas al año, la mayoría niños, y la Fundación Gates participa en una campaña global para erradicarla. De ahí que me sorprendiera enterarme hace un tiempo de que, de hecho, cabe destacar una cosa positiva acerca de la malaria: contribuyó a la invención del aire acondicionado.

El ser humano lleva miles de años intentando vencer el calor. Los edificios de la Persia antigua estaban equipados con captadores de viento o *badgirs*, que ayudaban a mantener el aire en circulación y la temperatura fresca.[1] Sin embargo, la primera máquina conocida que enfriaba el aire la creó en la década de 1840 John Gorrie, un médico de Florida convencido de que temperaturas más frías ayudarían a sus pacientes a recuperarse de la malaria.[2]

En aquel entonces existía la creencia generalizada de que la causa de la malaria no era un parásito, como sabemos ahora, sino un mal aire (de ahí el nombre, *mala aria*). Gorrie instaló un aparato que refrescaba el pabellón de los enfermos moviendo el aire sobre un gran bloque de hielo colgado del techo. La máquina, no obstante, se quedaba enseguida sin hielo, que salía muy caro porque había que traerlo desde el norte, así que Gorrie diseñó un artilugio para fabricarlo. Con el tiempo, consiguió la patente para su máquina de hielo y dejó la medicina para intentar comercializar su invento. Por desgracia, sus planes de negocio no salieron como esperaba. Tras una serie de infortunios, Gorrie murió sin un centavo en 1855.

A pesar de todo, la idea había calado, y el siguiente gran avance en el desarrollo del aire acondicionado lo llevó a cabo un ingeniero llamado Willis Carrier en 1902, cuando su jefe lo mandó a una imprenta de Nueva York para que buscara una manera de evitar que las páginas de las revistas se arrugaran al salir de la prensa. Al comprender que las arrugas se debían a altos niveles de humedad, Carrier concibió una máquina que los reducía y al mismo tiempo hacía descender la temperatura del ambiente. Si bien no lo sabía todavía, gracias a él había nacido la industria del aire acondicionado.

Poco más de un siglo después de que se instalara el primer equipo de aire acondicionado en un domicilio particular, el 90 por ciento de los hogares estadounidenses cuenta con algún tipo de acondicionador de aire.[3] Quien haya disfrutado de un partido o un concierto en un pabellón cerrado, puede dar las gracias al aire acondicionado. Y cuesta imaginar que lugares como Florida o Arizona resultasen tan atractivos como destino para los jubilados sin dicha tecnología.

El aire acondicionado ya no es un mero lujo agradable que hace que los días de verano resulten soportables; la economía moderna depende de él. Veamos solo un ejemplo: las granjas de servidores, que contienen miles de ordenadores que posibilitan los avances actuales en informática (incluidos los que proveen los servicios de nube donde almacenamos música y fotografías), generan cantidades ingentes de calor. Sin un sistema de enfriamiento, los servidores se fundirían.

Para aquellos que residen en un hogar estadounidense típico, el aire acondicionado es el electrodoméstico que más energía consume; más que las luces, el frigorífico y el ordenador juntos.* Aunque en el capítulo 4 he hablado de las emisiones relacionadas con la electricidad, las menciono de nuevo aquí porque la refrigeración de espacios es y seguirá siendo una actividad emisora clave. Además, si bien los acondicionadores de aire son los aparatos que gastan más *electricidad*, no son los mayores consumidores de *energía* en los hogares y oficinas estadounidenses. Este honor corresponde a las calderas y calentadores de agua (lo mismo sucede en Europa y muchas otras regiones). Trataremos ese tema en el siguiente apartado.

Los estadounidenses no somos los únicos que queremos —y necesitamos— un ambiente fresco. En todo el mundo hay 1.600 millones de aparatos de aire acondicionado en funcionamiento, pero no están repartidos de forma equitativa.[4] En países ricos como Estados Unidos, el 90 por ciento o más de los hogares disponen de aire acondicionado, mientras que en los países más calurosos del planeta esta cifra se reduce a solo el 10 por ciento.

Esto quiere decir que se instalarán muchos más equipos de aire acondicionado a medida que crezca la población, su poder adquisitivo aumente y las olas de calor se tornen más severas y frecuentes. China, que estrenó 350 millones de aparatos entre 2007 y 2017, se ha convertido en el mayor mercado de acondicionadores de aire del mundo. Solo en 2018, las ventas se acrecentaron en un 15 por ciento a nivel internacional, y gran parte de dicho incremento

---

* La electricidad constituye el 99 por ciento de la energía utilizada para enfriar espacios en todo el mundo. Casi todo el 1 por ciento restante lo aportan los sistemas de aire acondicionado que funcionan con gas natural. Aunque estos aparatos pueden instalarse en viviendas unifamiliares, representan un porcentaje tan reducido del mercado que la Administración de Información Energética ni siquiera recaba datos al respecto.

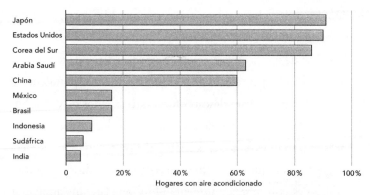

La refrigeración está en camino. En algunos países, la mayor parte de las viviendas cuentan con aire acondicionado, pero en otros es mucho menos común. En las próximas décadas, los países de la parte inferior de este gráfico serán más calurosos y ricos, lo que significa que comprarán y utilizarán más acondicionadores de aire.[5]

procede de cuatro países cuyas temperaturas llegan a subir mucho: Brasil, India, Indonesia y México.[6] Para 2050, habrá más de 5.000 millones de equipos de aire acondicionado funcionando en todo el mundo.

Irónicamente, justo aquello que vamos a utilizar para sobrevivir en un clima más caluroso —el aire acondicionado— podría agravar el cambio climático. Después de todo, los aparatos se alimentan de energía eléctrica, así que, cuantos más instalemos, más electricidad necesitaremos para usarlos. De hecho, la Agencia Internacional de Energía prevé que la demanda de corriente para refrigeración de espacios se triplicará antes de 2050. Para entonces, los aires acondicionados consumirán tanta electricidad como la totalidad de China e India hoy en día.

Esto será positivo para las personas que más sufren durante las olas de calor, pero negativo para el clima, porque en numerosos lugares del mundo la producción de electricidad aún genera muchas emisiones de carbono. Por eso toda la corriente que consumen los edificios —tanto para el aire acondicionado como para la iluminación, los ordenadores y demás— es responsable de casi el 14 por ciento de todos los gases de efecto invernadero.

El hecho de que la refrigeración de espacios dependa tanto de la electricidad facilita el cálculo de la prima verde correspondiente al aire acondicionado. Para descarbonizarlo, habremos de descarbonizar las redes. Este es otro de los motivos por los que se precisan avances importantes en la generación y el almacenamiento de electricidad como los que se describen en el capítulo 4; de lo contrario, las emisiones continuarán aumentando y quedaremos atrapados en un círculo vicioso, refrescando cada vez más nuestros hogares y oficinas mientras calentamos cada vez más el clima.

Por suerte, no tenemos que esperar de brazos cruzados a que dichos avances se produzcan. Podemos tomar medidas ahora mismo para disminuir la cantidad de electricidad que requieren los acondicionadores de aire y, de ese modo, disminuir las emisiones que producimos para estar frescos. Además, no existe una barrera técnica para conseguirlo. Lo que ocurre es que la mayoría de la gente no compra los equipos de refrigeración de más bajo consumo del mercado. Según la AIE, el tipo de acondicionador de aire que más se vende en la actualidad es la mitad de eficiente que otros ampliamente disponibles, y solo la tercera parte de eficiente que los mejores modelos.

Esto se debe sobre todo a que los consumidores no reciben toda la información que necesitan antes de elegir un aparato. Por ejemplo, uno de baja eficiencia puede tener un precio de venta más barato pero resultar más caro a la larga porque gasta más electricidad. Sin embargo, si los equipos no llevan un etiquetado claro, es posible que el cliente no sepa eso cuando compare precios. (Dicho etiquetado es obligatorio en Estados Unidos, pero no en todo el mundo.)[7] Además, muchos países carecen de una normativa mínima sobre la eficiencia de los acondicionadores de aire. La AIE ha llegado a la conclusión de que bastaría con dictar medidas respecto a problemas como este para duplicar la eficiencia media de los aparatos de aire acondicionado en el planeta y reducir en un 45 por ciento el crecimiento de la demanda energética para refrigeración de espacios a mediados de siglo.

Por desgracia, el consumo de electricidad no es el único aspecto problemático del aire acondicionado. Utiliza refrigerantes —también llamados «gases fluorados», por su contenido en flúor— que escapan poco a poco a medida que los aparatos se deterioran con el tiempo, como sin duda ya sabrás si has tenido que cambiar el refrigerante del aire acondicionado del coche alguna vez. Los gases fluorados son agentes potentes del cambio climático: a lo largo de un siglo pueden provocar un calentamiento mil veces mayor que una cantidad equivalente de dióxido de carbono. Si no se habla mucho de ellos, es porque no representan un porcentaje significativo de los gases de efecto invernadero; en Estados Unidos suponen cerca de un 3 por ciento de las emisiones.

Aun así, los gases fluorados no han pasado inadvertidos. En 2016, representantes de 197 países se comprometieron a reducir la producción y el uso de algunos gases fluorados en más de un 80 por ciento antes de 2045, un compromiso al que lograron llegar porque varias empresas están desarrollando nuevos sistemas para el aire acondicionado en los que los gases fluorados se sustituyen por refrigerantes menos perjudiciales. Como estas ideas están en sus primeras fases de desarrollo, es demasiado pronto para calcular el precio, pero constituyen un buen ejemplo de la clase de innovación que necesitaremos para estar frescos sin calentar más el mundo.

En un libro sobre el calentamiento global, puede parecer extraño hablar sobre las maneras de mantenernos calientes. ¿Para qué subir el termostato, si ya hace calor fuera? En primer lugar, cuando hablamos de calor, no nos referimos solo al aumento de la temperatura del aire; también tenemos que calentar agua para todo tipo de usos, desde las duchas y los lavavajillas hasta varios procesos industriales. Y, lo que es más importante, el invierno no va a desaparecer. Aunque las temperaturas aumenten en general, seguirá helando y nevando en muchos lugares del mundo. Los inviernos son especialmente duros para quienes dependen de las renovables. Alemania, por ejemplo, recibe hasta nueve veces menos energía solar durante esta estación, en la que también hay períodos sin viento. Continuamos necesitando electricidad; sin ella, la gente moriría congelada en su propio hogar.

Las calderas y los calentadores de agua suman una tercera parte de las emisiones procedentes de los edificios. A diferencia de las luces y los equipos de aire acondicionado, funcionan en su mayoría con combustibles fósiles (que se trate de gas natural, gasóleo de calefacción o propano depende en gran parte de dónde viva cada uno). Esto significa que no basta con conseguir una red eléctrica limpia para descarbonizar el agua caliente y la calefacción. Necesitamos calentarnos con algo que no sea el petróleo y el gas.

El camino hacia las cero emisiones para la calefacción se asemeja mucho al que hemos trazado para los vehículos particulares: (1) electrificar todo lo posible, eliminando calentadores y calderas de gas natural, y (2) desarrollar combustibles verdes para todo lo demás.

La buena noticia es que el paso 1 podría conllevar una prima verde negativa. A diferencia de los coches eléctricos, cuyo uso y mantenimiento resultan más caros que los de sus equivalentes de gasolina, todos los sistemas eléctricos de calefacción y refrigeración permiten ahorrar dinero. Esto no solo se cumple cuando se instalan en edificios de obra nueva, sino también como parte de la reforma de construcciones más antiguas. En casi todas las poblaciones, los gastos totales de los usuarios disminuyen cuando sustituyen su acondicionador de aire eléctrico y su caldera de gas (o gasóleo) por una bomba de calor eléctrica.

La idea de una bomba de calor puede resultar extraña la primera vez que la oyes. No cuesta imaginar el bombeo de agua o aire, pero ¿cómo diablos se bombea el calor?

Estos dispositivos aprovechan la cualidad que poseen gases y líquidos de cambiar de temperatura cuando se expanden y se contraen. Las bombas impulsan un fluido refrigerante a través de un circuito de tuberías, y la presión se va modificando por medio de un compresor y unas válvulas especiales, de modo que el refrigerante absorbe calor en una zona y lo libera en otra. En invierno, se desplaza el calor del exterior al interior (algo que funciona en todos los climas salvo los más fríos); en verano, se realiza el proceso inverso, es decir, se bombea calor desde el interior de la vivienda hacia el exterior.

El sistema no es tan misterioso como parece. Ya tienes una bomba de calor en tu hogar, que seguramente está funcionando en este instante: se llama frigorífico. El aire caliente que sale de la parte inferior es el que se lleva el calor que rodea los alimentos y los mantiene frescos.

¿Cuánto podemos economizar gracias a una bomba de calor? Depende de la localidad, de lo crudos que sean los inviernos y del precio de la electricidad y el gas natural, entre otros factores. He aquí unos ejemplos de lo que se ahorra en distintas ciudades de Estados Unidos, tomando como base el coste de la instalación de una bomba de calor en obra nueva y su uso durante quince años:

Prima verde para la instalación de una bomba de calor aerotérmica en ciudades de EE. UU.[8]

Ciudad	Coste de caldera de gas natural y aire acondicionado eléctrico	Coste de bomba de calor aerotérmica	Prima verde
Providence, Rhode Island	12.667 $	9.912 $	−22%
Chicago, Illinois	12.583 $	10.527 $	−16%
Houston, Texas	11.075 $	8.074 $	−27%
Oakland, California	10.660 $	8.240 $	−23%

Aunque al reemplazar una instalación ya existente no se ahorra tanto, cambiar a una bomba de calor sigue siendo una opción menos cara en casi todas las ciudades. En Houston, por ejemplo, permite ahorrar un 17 por ciento. En Chicago, en cambio, los costes aumentan un 6 por ciento, porque allí el gas natural es excepcionalmente barato. Por otro lado, hay viviendas antiguas en las que sencillamente no resulta práctico buscar un espacio donde instalar el equipo nuevo, así que la renovación no siempre es posible.

A pesar de todo, estas primas verdes suscitan una pregunta evidente: si tan estupendas son las bombas de calor, ¿por qué solo se encuentran en el 11 por ciento de los hogares estadounidenses?[9]

En parte porque solo cambiamos las calderas cada diez años, más o menos, y a la mayoría de la gente no le sobra dinero para sustituir un aparato que funciona bien por una bomba de calor.

Pero existe otra explicación: las normativas oficiales obsoletas. Desde la crisis energética de los setenta, se ha intentado limitar el consumo de energía, por lo que los gobiernos estatales introdujeron incentivos para promover la compra de calderas y calentadores de gas natural en lugar de alternativas eléctricas menos eficientes. Algunos modificaron sus códigos de edificación para dificultar a los propietarios el cambio de los aparatos de gas por alternativas eléctricas. Muchas de estas medidas que premian la eficiencia por encima de las bajas emisiones aún constan en las ordenanzas, lo que limita nuestras posibilidades de reemplazar una caldera con quemador de gas por una bomba de calor eléctrica con una menor huella de carbono, incluso en los casos en que nos saldría más económico.

Esta situación resulta frustrante, como en tantas otras ocasiones en que las normas nos parecen absurdas. Pero, desde un punto de vista distinto, es una buena noticia. Implica que no precisamos otro adelanto tecnológico para disminuir las emisiones en este ámbito, más allá de descarbonizar la red eléctrica. La opción basada en la electricidad ya existe, está al alcance de todo el mundo y no solo es competitiva en cuanto a precio, sino que, de hecho, sale más barata. Únicamente debemos procurar que las normativas oficiales se adapten a los nuevos tiempos.

Por desgracia, si bien desde una perspectiva técnica es *posible* reducir a cero las emisiones relacionadas con la calefacción y el calentamiento de agua abrazando las alternativas eléctricas, no será un proceso rápido. Incluso si logramos echar abajo las normativas contraproducentes que he mencionado, no es realista pensar que todos arrancaremos nuestras calderas y calentadores de gas y los sustituiremos por otros eléctricos de la noche a la mañana, del mismo modo que el parque mundial de vehículos particulares tampoco pasará a ser eléctrico de golpe. Dada la duración de las calderas actuales, si nuestro objetivo fuera eliminar todas las de gas para mediados de siglo, tendrían que dejar de estar disponibles al público antes de 2035. Hoy en día, cerca de la mitad de las calderas que se venden en Estados Unidos funcionan con gas; en el mundo, los combustibles fósiles proporcionan seis veces más energía para calefacción y calentamiento de agua que la electricidad.

Para mí, esto constituye un argumento más en favor de los electrocombustibles y biocarburantes avanzados como los que mencionaba en el capítulo 7, capaces de alimentar las calderas y los calentadores de que disponemos en la actualidad, sin necesidad de modificarlos y sin añadir más carbono a la atmósfera. Sin embargo, hoy por hoy, ambas opciones acarrean una prima verde considerable:

Primas verdes para la sustitución de combustibles para calefacción actuales por alternativas neutras en carbono[10]

Tipo de combustible	Precio de venta actual	Opción neutra en carbono	Prima verde
Gasóleo de calefacción (por litro)	0,71 $	1,45 $ (biocombustibles avanzados)	104 %
Gasóleo de calefacción (por litro)	0,71 $	2,39 $ (electrocombustibles)	236 %
Gas natural (por termia)	1,01 $	2,45 $ (biocombustibles avanzados)	142 %
Gas natural (por termia)	1,01 $	5,30 $ (electrocombustibles)	425 %

Nota: El precio de venta por litro es el promedio de los precios registrados en Estados Unidos entre 2015 y 2018. El de las opciones neutras en carbono es una estimación del precio actual.

Veamos qué supondrían estas primas para una familia estadounidense media. Las que caldean su hogar con gasóleo de calefacción tendrán que pagar 1.300 dólares más si utilizan biocombustibles avanzados, y más de 3.200 dólares adicionales si se inclinan por los electrocombustibles. Las que caldeen su hogar con gas natural habrán de sumar 840 dólares a su factura cada invierno si eligen los biocarburantes avanzados, y casi 2.600 si se pasan a los electrocombustibles.[11]

Salta a la vista que tenemos que abaratar esos combustibles alternativos, como se argumenta en el capítulo 7. Hay otros pasos que debemos tomar para descarbonizar nuestros sistemas de calentamiento:

Electrificar al máximo, sustituyendo las calderas y calentadores de gas por bombas de calor eléctricas. En algunas regiones, los gobiernos tendrán que poner al día las normativas
para permitir —y fomentar— estas renovaciones.

Descarbonizar la red eléctrica desplegando los recursos verdes actuales allí donde resulten más útiles e invirtiendo en
innovaciones relacionadas con la generación, el almacenamiento y la transmisión de energía.

Utilizar la energía de manera más eficiente. Podría parecer
contradictorio, teniendo en cuenta que unos párrafos antes
me quejaba de las políticas que priman la eficiencia por encima de las bajas emisiones. Lo cierto es que necesitamos ambas cosas.

El mundo está experimentando un boom de la construcción.
Para albergar una población urbana creciente, edificaremos 230.000
millones de metros cuadrados antes de 2060, el equivalente, como
mencionaba en el capítulo 2, a construir una Nueva York al mes
durante cuarenta años. Con toda seguridad, muchos de estos edificios no tendrán un diseño orientado a la conservación energética
y permanecerán habitados durante décadas, empleando la energía
de forma ineficiente.

La buena noticia es que sabemos cómo construir edificios con
baja huella de carbono..., siempre y cuando estemos dispuestos a
pagar una prima verde. Un ejemplo extremo es el Bullitt Center de
Seattle, proclamado por algunos como uno de los edificios de oficinas más verdes del mundo.[12] Está diseñado para mantenerse caliente
en invierno y fresco en verano de manera natural, lo que reduce la

necesidad de utilizar aire acondicionado y calefacción, y cuenta con otras tecnologías de bajo consumo energético, como un ascensor supereficiente. Hay momentos en que genera un 60 por ciento más de energía de la que consume, gracias a los paneles solares de la cubierta, aunque continúa conectado a la red eléctrica de la ciudad, de la que se alimenta por las noches y durante períodos especialmente nubosos. Algo que aquí, en Seattle, se da con mucha frecuencia.

Si bien muchas de las técnicas aplicadas en el Bullitt Center todavía resultan demasiado caras para generalizar su uso (razón por la que sigue siendo uno de los edificios más verdes del mundo siete años después de su inauguración), ya es posible aumentar la eficiencia energética de viviendas y oficinas a un precio más económico. Pueden diseñarse con lo que los constructores denominan una envolvente estanca (una superficie exterior que no deja entrar ni salir mucho aire), un buen aislamiento, ventanas con acristalamiento triple y puertas térmicas. También me tiene fascinado el denominado «cristal inteligente» para ventanas, que se oscurece de

El Bullitt Center, en Seattle, es uno de los edificios de oficinas más sostenibles del mundo.[13]

manera automática para refrescar la habitación y se aclara para calentarla. Las normativas nuevas sobre construcción pueden ayudar a promover estas ideas de ahorro energético, lo que expandiría el mercado y reduciría los costes. Podemos incrementar la eficiencia energética de muchos edificios, aunque no todos podrán ser tan eficientes como el Bullitt Center.

Hemos cubierto las cinco principales fuentes de gases de efecto invernadero: cómo nos conectamos, cómo fabricamos cosas, cómo cultivamos y criamos, cómo nos desplazamos y cómo enfriamos y calentamos. Espero que a estas alturas hayan quedado claras tres cosas:

1. El problema es de una complejidad extrema, pues afecta a casi todas las actividades humanas.
2. Ya disponemos de herramientas que deberíamos utilizar para disminuir las emisiones.
3. Pero aún no disponemos de todas las herramientas que necesitamos. Tenemos que rebajar las primas verdes en todos los sectores, lo que significa que nos queda mucho por inventar.

Entre los capítulos 10 y 12 expondré los pasos concretos que creo que nos brindarán la mejor oportunidad de desarrollar e implementar las herramientas que nos harán falta. Pero antes quiero abordar una pregunta que me mantiene en vela por la noche. Hasta aquí, el libro ha tratado exclusivamente sobre cómo reducir las emisiones y evitar que las temperaturas se vuelvan insoportables. ¿Qué podemos hacer respecto a los cambios que ya se están produciendo en el clima? Y, sobre todo, ¿cómo podemos ayudar a los más desfavorecidos, los que tienen más que perder pese a que son los que menos han contribuido al problema?

9

ADAPTARNOS A UN MUNDO MÁS CALUROSO

He estado argumentando que debemos alcanzar las cero emisiones y que para ello necesitaremos dedicar un gran esfuerzo a la innovación. No obstante, esto no rendirá fruto de un día para otro; los productos sostenibles de los que he venido hablando tardarán décadas en extenderse a escala suficiente para marcar una diferencia significativa.

Entretanto el cambio climático ya está afectando a personas de todo el mundo y de todos los poderes adquisitivos. Casi todos los que estamos vivos en este momento tendremos que adaptarnos a un mundo más caluroso. A medida que los niveles del mar y los terrenos inundables cambien, tendremos que replantearnos la ubicación de viviendas y oficinas. Tendremos que reforzar redes eléctricas, puertos marítimos y puentes. Tendremos que plantar más bosques de manglar (si no sabes a qué me refiero, permanece atento) y mejorar los sistemas de alerta temprana de tormentas.

Analizaremos estos proyectos más adelante, en este mismo capítulo. Sin embargo, ahora quiero hablar de las primeras personas que me vienen a la mente cuando pienso en aquellos que sufrirán más los efectos de un desastre climático y que merecen más ayuda para adaptarse a él. No cuentan con muchas redes eléctricas, puertos marítimos o puentes de los que preocuparse. Son las personas de bajos ingresos, a las que he conocido debido a mi trabajo en pro de la salud y el desarrollo globales, las que se llevarán la peor parte. Sus historias reflejan la complejidad de la lucha contra la pobreza y contra el cambio climático a un tiempo.

En 2009, por ejemplo, conocí a la familia Talam —Laban, Miriam y sus tres hijos— cuando estaba en Kenia para aprender acerca de cómo vivían los agricultores con menos de una hectárea y media de tierras (o, como se los conoce en la jerga de la ayuda al desarrollo, pequeños agricultores). Visité su granja tras recorrer varios kilómetros por un camino de tierra a las afueras de Eldoret, una de las ciudades de Kenia que más rápido están creciendo. Los Talam no tenían mucho, solo un puñado de cabañas circulares de

En 2009 visité la granja de Miriam y Laban Talam en Kabiyet, Kenia. Son protagonistas de una asombrosa historia de éxito, pero el cambio climático podría malograr todo el progreso que han conseguido.[1]

barro con techumbre de paja y un corral, y la granja ocupaba cerca de una hectárea, menos que un campo de béisbol. Con todo, lo que ocurría en aquel pequeño terreno había provocado que acudieran cientos de agricultores de kilómetros a la redonda para averiguar qué estaban haciendo los propietarios y cómo hacerlo ellos mismos.

Laban y Miriam me recibieron en la puerta principal y comenzaron a relatarme su historia. Dos años antes, eran pequeños agricultores que practicaban una agricultura de subsistencia. Como casi todos sus vecinos, vivían en la pobreza más absoluta. Entre otras cosas, cultivaban maíz (en Kenia, como en muchos otros lugares del mundo, lo llaman *maize*), en parte para autoconsumo y en parte para venderlo en el mercado. Laban hacía chapuzas para llegar a fin de mes. Con el fin de aumentar sus ingresos, había comprado una vaca que la pareja ordeñaba dos veces al día. Vendían la leche de la mañana a un comerciante local por muy poco dinero, y guardaban la de la tarde para ellos y sus hijos. En total, la vaca producía tres litros al día, cantidad que debía bastar para vender una parte y repartir el resto entre los cinco miembros de la familia.

Cuando conocí a los Talam, su vida había mejorado de un modo espectacular. Contaban ya con cuatro vacas, que producían 26 litros de leche al día. Vendían 20 litros y se quedaban seis. Ganaban casi cuatro dólares diarios, con lo que en aquella región de Kenia les alcanzaba para reconstruir su casa, cultivar piñas para la exportación y mandar a los niños a la escuela.

Según me contaron, su punto de inflexión llegó con la apertura de una planta de refrigeración de leche cercana. Los Talam y otros agricultores de la zona llevaban la leche cruda a esas instalaciones, donde se mantenía fría hasta el momento de su transporte a todos los rincones del país, para venderla a precios más altos de los que se pagaban a nivel local. La planta también hacía las veces de centro de formación. Los ganaderos de vacuno lechero de la zona acudían a aprender cómo criar animales más sanos y productivos, adquirir vacunas para las vacas e incluso llevar a analizar la leche para asegurarse de que estuviera libre de contaminantes y pudiera venderse a buen precio. Si no cumplía con los requisitos de calidad, les aconsejaban sobre cómo mejorarla.

En Kenia, donde residen los Talam, cerca de una tercera parte de la población se dedica a la agricultura. En el mundo, hay 500 millones de granjas pequeñas, y aproximadamente las dos terceras partes de las personas que viven en la pobreza trabajan en el sector agrícola.[2] A pesar del elevado número, no obstante, los pequeños agricultores son responsables de una cantidad sorprendentemente baja de emisiones de gases de efecto invernadero, porque no pueden permitirse utilizar muchos productos y servicios que requieren el uso de combustibles fósiles. El keniano medio produce cincuenta y cinco veces menos dióxido de carbono que un estadounidense, y los agricultores rurales como los Talam generan todavía menos.[3]

Sin embargo, si recuerdas los problemas ocasionados por el ganado que mencionábamos en el capítulo 6, reconocerás el dilema de inmediato: los Talam han comprado más vacas, animales que contribuyen al cambio climático más que otras especies domésticas.

En este sentido, los Talam no son excepcionales. Para muchos agricultores pobres, ganar más dinero supone la oportunidad de invertir en activos de gran valor, como gallinas, cabras y vacas, animales que ofrecen buenas fuentes de proteínas y permiten a sus propietarios obtener un dinero extra con la venta de leche y huevos. Se trata de una decisión sensata, y cualquiera que esté interesado en reducir la pobreza se lo pensaría dos veces antes de recomendarles que no la tomaran. La clave del problema reside en que, a medida que la gente asciende en la escala económica, realiza más actividades que generan emisiones. De ahí que necesitemos más innovaciones, para que las personas de pocos recursos puedan mejorar su estilo de vida sin empeorar aún más el cambio climático.

Es una cruel injusticia que, pese a que los pobres del mundo no están haciendo prácticamente nada para causar el cambio climático, son quienes más padecerán sus efectos. Las alteraciones del clima ocasionarán problemas a los agricultores relativamente privilegiados de Estados Unidos y Europa, pero pueden tener consecuencias mortales para los desfavorecidos de África y Asia.

A medida que el clima se vuelve más caluroso, las sequías y las inundaciones se vuelven más frecuentes y arruinan las cosechas más a menudo. Hay menos alimento para el ganado, que produce menos carne y leche. El aire y la tierra pierden humedad, de manera que las plantas disponen de menos agua; en el sur de Asia y el África subsahariana, millones de hectáreas de tierras de cultivo se tornarán considerablemente más áridas. Las plagas devoradoras de cosechas están infestando una superficie cada vez mayor de los campos, en los que encuentran un medio más acogedor para instalarse. La temporada de cultivo se acortará; si las temperaturas suben cuatro grados, esta se limitará en al menos un 20 por ciento en casi toda el África subsahariana.

Para quienes ya viven al límite, cualquiera de estos cambios puede resultar desastroso. Si a alguien que carece de ahorros se le malogra la cosecha, no tiene la posibilidad de ir a comprar más semillas; simplemente queda fuera de juego. Para colmo, todos estos problemas encarecerán los alimentos para aquellos que menos pueden permitírselos. Debido al cambio climático, los precios se dispararán para cientos de millones de personas que ya gastan más de la mitad de sus ingresos en comida.

A medida que escaseen los alimentos, la enorme desigualdad entre ricos y pobres se agravará todavía más. Hoy en día, una niña que nace en Chad tiene cincuenta veces más probabilidades de morir antes de cumplir cinco años que una nacida en Finlandia. A causa de la creciente escasez alimentaria, menos niños obtendrán todos los nutrientes que necesitan, lo que debilitará las defensas naturales de su organismo e incrementará las probabilidades de que sucumban a la diarrea, la malaria o la neumonía. Según un estudio, el número de fallecimientos relacionados con el calor podría rayar en los 10 millones anuales antes de fin de siglo (una cifra de muertes similar a la que causan las enfermedades infecciosas en la actualidad), y casi todos se registrarán en países en desarrollo. Por otro lado, la probabilidad de que los niños que no mueran vean afectado su desarrollo físico e intelectual será mucho mayor.

A la larga, el peor impacto del cambio climático sobre los países pobres será el deterioro de la salud debido al incremento de los índices de desnutrición y mortalidad. Por tanto, debemos ayudar a los más desfavorecidos a mejorar su salud. Creo que existen dos vías para ello.

En primer lugar, es preciso aumentar las posibilidades de supervivencia de los niños desnutridos. Esto implica reforzar los sistemas de atención primaria, redoblar los esfuerzos para la prevención de la malaria y continuar suministrando vacunas para enfermedades como la neumonía y las causantes de diarrea. Aunque la pandemia de COVID-19 sin duda dificulta todas estas cosas, en el mundo sobran conocimientos y experiencia para llevarlas a cabo; el programa de vacunación conocido como GAVI, que ha evitado 13 millones de muertes desde el año 2000, figura entre los principales logros de la humanidad.[4] (La contribución de la Fundación Gates a esta iniciativa global constituye uno de nuestros mayores motivos de orgullo.) No podemos permitir que el cambio climático mine este progreso. De hecho, debemos acelerarlo, desarrollar vacunas para otras enfermedades, como el VIH, la malaria y la tuberculosis, y hacerlas llegar a todos aquellos que las necesiten.

Luego —además de salvar la vida a los niños malnutridos—, tenemos que procurar que menos niños padezcan malnutrición de entrada. Dado el crecimiento poblacional, la demanda de alimentos seguramente se duplicará o triplicará en regiones donde viven la mayoría de los pobres del mundo. Por consiguiente, debemos ayudar a los agricultores con pocos recursos a cultivar más, incluso cuando sobrevengan sequías o inundaciones. Profundizaré en ello en el siguiente apartado.

Paso mucho tiempo con personas que supervisan los presupuestos de ayuda exterior en países ricos. Incluso algunos de los mejor intencionados me han comentado: «Antes costeábamos las vacunas. Ahora tenemos que procurar que nuestros fondos de ayuda se asignen a proyectos respetuosos con el clima», lo que significa contribuir a que África reduzca sus emisiones de gases de efecto invernadero.

Yo les respondo: «Por favor, no desviéis el dinero destinado a vacunas para financiar coches eléctricos. África solo es responsable de alrededor del 2 por ciento de las emisiones mundiales. Lo que de verdad deberíais sufragar allí es el *proceso de adaptación*. Lo mejor que podemos hacer para ayudar a las personas de bajos ingresos a adaptarse al cambio climático es asegurarnos de que estén lo bastante sanas para sobrevivir a él y prosperar a pesar de él».

Es probable que nunca hayas oído hablar del CGIAR.* Yo tampoco lo conocía hasta hace cerca de una década, cuando empecé a estudiar los problemas a los que se enfrentaban los agricultores en países de rentas bajas. Por lo que he visto, ninguna otra organización ha hecho más que el CGIAR para garantizar que las familias —sobre todo las más humildes— dispongan de alimentos nutritivos. Y ninguna otra organización se encuentra en una posición más ventajosa para llevar a cabo las innovaciones que ayudarán a los agricultores pobres a adaptarse al cambio climático en los próximos años.

El CGIAR es el grupo de investigación en agricultura más importante del mundo; en pocas palabras, ayuda a crear variedades de plantas más resistentes y productivas, así como a provocar modificaciones genéticas beneficiosas en animales. Fue en un laboratorio del CGIAR en México donde Norman Borlaug —a quien recordarás del capítulo 6— llevó a cabo el trabajo innovador con el trigo que dio origen a la Revolución Verde. Otros investigadores del CGIAR, inspirados por el ejemplo de Borlaug, desarrollaron un arroz de alta productividad y resistente a las enfermedades, y en los años siguientes la labor del grupo sobre el ganado, la patata y el maíz ha ayudado a disminuir la pobreza y mejorar la nutrición.

Es una pena que tan poca gente sepa de la existencia del CGIAR, pero resulta comprensible. Para empezar, su nombre suele confundirse con *cigar* («cigarro» en inglés), lo que parece sugerir una co-

---

* El CGIAR nació como Consultative Group for International Agricultural Research (grupo consultivo para la investigación agrícola internacional). No es de extrañar que pasara a ser conocido por sus siglas.

nexión con la industria tabaquera (no la hay). Tampoco ayuda que CGIAR no sea una única organización, sino una red formada por quince centros de investigación independientes, casi todos conocidos por sus enrevesados acrónimos. En la lista figuran CIFOR, ICARDA, CIAT, ICRISAT, IFPRI, IITA, ILRI, CIMMYT, CIP, IRRI, IWMI e ICRAF.

A pesar de su inclinación por la sopa de letras, el CGIAR será indispensable para crear cultivos y ganado climáticamente inteligentes para los agricultores pobres del mundo. Uno de mis ejemplos favoritos es su trabajo con el maíz tolerante a la sequía.

Aunque las cosechas de maíz en el África subsahariana son más bajas que en cualquier otro lugar del mundo, más de 200 millones de familias de la zona todavía dependen de esta planta para su subsistencia. Como las pautas meteorológicas se han vuelto más imprevisibles, se ha incrementado el riesgo de que estos agricultores obtengan cosechas de maíz aún más exiguas, o incluso de que estas se malogren por completo.

Por ello, los expertos del CGIAR han desarrollado decenas de variedades nuevas de maíz capaces de soportar condiciones de sequía, cada una adaptada a regiones específicas de África. Al principio, muchos pequeños agricultores no se atrevían a probar estas nuevas variedades. Y con razón: cuando el sustento de alguien está en juego, es normal que no quiera arriesgarse a plantar semillas que no ha utilizado nunca, porque, si estas mueren, lo pierden todo. Sin embargo, los expertos emprendieron la tarea de explicar a los agricultores y comerciantes de semillas locales las ventajas de las variedades nuevas, y cada vez más personas comenzaron a adoptarlas.

Los resultados han transformado la vida de numerosas familias. En Zimbabue, por ejemplo, agricultores de zonas castigadas por la falta de lluvias que plantaron maíz tolerante a la sequía cosecharon hasta seiscientos kilogramos más por hectárea (cantidad suficiente para alimentar a seis personas durante nueve meses) que los que se ciñeron a las variedades tradicionales. Los que optaron por vender las cosechas obtuvieron suficiente dinero extra para mandar a sus hijos a la escuela y cubrir otras necesidades del hogar. Expertos asociados al CGIAR se han propuesto desarrollar variedades de maíz que crezcan bien en suelos pobres en nutrientes; que sean resistentes a enfermedades, plagas o hierbas; que aumenten el rendimiento hasta en un 30 por ciento, y que ayuden a combatir la desnutrición.

Y no se trata solo del maíz. Gracias a los esfuerzos del CGIAR, el uso de nuevos tipos de arroz tolerantes a la sequía se está extendiendo por India, donde el cambio climático está provocando más períodos secos durante la temporada de lluvias. También están desarrollando una clase de arroz —ingeniosamente apodada «arroz submarinista»— capaz de sobrevivir bajo el agua durante dos semanas. Por lo general, las plantas de arroz reaccionan a las inundaciones estirando las hojas para que salgan del agua; si permanecen sumergidas demasiado tiempo, gastan toda la energía intentando escapar y, en esencia, acaban muriendo de cansancio. El arroz submarinista no presenta ese problema: cuenta con un gen denominado SUB1 que se activa durante la inundación y hace que la planta entre en estado latente, de modo que deja de alargarse hasta que las aguas se retiran.

El CGIAR no se centra solo en las semillas nuevas. Sus científicos han creado una aplicación para teléfonos inteligentes que permite a los agricultores utilizar la cámara del móvil para identificar plagas y enfermedades concretas que afectan a la yuca, un importante cultivo comercial de África. Asimismo, han diseñado progra-

Campo de arroz submarinista, capaz de sobrevivir sumergido dos semanas seguidas, una ventaja que cobrará aún mayor importancia a medida que las inundaciones se vuelvan más frecuentes.[5]

mas para drones y sensores de suelo con el fin de ayudar a los agricultores a determinar la cantidad de agua y fertilizante que requieren sus plantas.

Los agricultores de pocos recursos necesitan más avances como estos, pero para proporcionárselos hay que facilitar más dinero al CGIAR y a otros investigadores agrícolas. La investigación en agricultura siempre ha recibido menos fondos de los que requiere. De hecho, duplicar la financiación del CGIAR para que pueda ayudar a más agricultores es una de las principales recomendaciones de la Comisión Global de Adaptación, que dirijo junto con Ban Ki-moon, exsecretario general de la ONU, y Kristalina Georgieva, exdirectora general del Banco Mundial.*6 No me cabe la menor duda de que se trata de un dinero bien empleado: cada dólar invertido en la investigación del CGIAR genera unos seis dólares de beneficio. Warren Buffet daría el brazo derecho por una inversión con un retorno de seis a uno que además salvara vidas.

Aparte de ayudar a los pequeños agricultores a incrementar el rendimiento de sus cultivos, nuestra comisión sobre la adaptación recomienda otras tres medidas relacionadas con la agricultura:

Facilitar a los agricultores la gestión de los riesgos derivados de un clima más caótico. Por ejemplo, los gobiernos pueden ayudarlos a cultivar y criar una mayor diversidad de plantas y animales para que no se vean arruinados por un revés. Los gobiernos deberían estudiar el fortalecimiento de los sistemas de seguridad social y la implantación de un seguro agrícola basado en el clima que ayude a los agricultores a recuperarse de las pérdidas.

Centrarse en las personas más vulnerables. Aunque las mujeres no constituyen el único grupo de personas vulnerables, sí conforman el más numeroso. Por toda clase de motivos —culturales, políticos, económicos—, las mujeres que viven de la agricultura lo tienen aún más difícil que los hombres. Algunas no tienen garantizados los derechos sobre sus tierras, por ejemplo, un acceso igualitario al agua, la posibilidad de conseguir financiación para la compra de fertilizantes o ni siquiera de un parte meteorológico. Así que debemos defender los derechos de propiedad de

---

* La entidad cuenta con treinta y cuatro comisarios, figuras destacadas del mundo de la política, la empresa, las ONG y la comunidad científica, así como con diecinueve países miembros que representan a todas las regiones del planeta. Una red mundial de investigadores asociados y asesores da apoyo a la comisión. Está cogestionada por el Centro Global de Adaptación y el Instituto de Recursos Mundiales.

las mujeres y ofrecer asesoramiento técnico dirigido específicamente a ellas, entre otras cosas. Los beneficios podrían ser espectaculares: según un estudio de una agencia de la ONU, si las mujeres contaran con el mismo acceso a los recursos que los hombres, podrían cultivar entre un 20 y un 30 por ciento más de alimentos en sus campos y reducir el número de personas que pasan hambre en el mundo en una cifra de entre el 12 y el 17 por ciento.[7]

Contemplar el cambio climático en las políticas públicas. Se destina muy poco dinero a ayudas para la adaptación de los agricultores; solo una pequeña parte de los 500.000 millones que los gobiernos gastaron en agricultura entre 2014 y 2016 se asignó a actividades concebidas para suavizar el golpe que supondrá el cambio climático para los más desfavorecidos. Los gobiernos deberían diseñar políticas e incentivos para ayudar a los agricultores a reducir sus emisiones y, al mismo tiempo, producir más alimentos.

En resumen: las personas de rentas altas y medias son responsables de gran parte del cambio climático. Los más pobres son quienes menos han contribuido a causar el problema, y en cambio los que probablemente sufrirán más sus efectos. Merecen la ayuda del mundo y necesitan más de la que están recibiendo.

En las dos últimas décadas, he aprendido mucho acerca de la grave situación de los agricultores de bajos ingresos —así como del impacto que el cambio climático tendrá en ellos— a través de mi trabajo contra la pobreza mundial. De hecho, se ha convertido en una pasión, pues me permite pasmarme ante la fascinante ciencia que hay detrás de la mejora de los cultivos.

Hasta hace poco, no había reflexionado mucho acerca de otras piezas del puzle de la adaptación, como las medidas que deberían tomar las ciudades para prepararse o el modo en que el cambio climático afectará a los ecosistemas. Sin embargo, he tenido la oportunidad de profundizar en estas cuestiones gracias a mi participación en la comisión sobre adaptación que acabo de mencionar. A continuación, expongo algunas cosas que he aprendido de la labor que desarrolla la entidad —asesorada por decenas de expertos en ciencias, políticas públicas, industria y otros ámbitos—, para que te formes una idea de otros elementos que harán falta para adaptarse a un clima más caluroso.

A grandes rasgos, podemos dividir la adaptación en tres etapas.

La primera consiste en minimizar los riesgos que implica el cambio climático con medidas como adaptar los edificios y otras infraestructuras, proteger los humedales como baluarte contra las inundaciones y —en caso necesario— alentar a la gente a evacuar de forma permanente las zonas que dejen de ser habitables.

El paso siguiente es prepararse para reaccionar a las emergencias. Tenemos que seguir mejorando las predicciones meteorológicas y los sistemas de alerta temprana para difundir información sobre tormentas. Y, para cuando se produzca un desastre, se precisan equipos de primera intervención bien equipados y formados, así como un sistema para coordinar las evacuaciones temporales.

Por último, después de una catástrofe, viene el período de recuperación. Necesitaremos un plan para suministrar servicios a los desplazados, como sanidad y educación, además de un seguro que ayude a personas de todos los niveles adquisitivos a reconstruir sus hogares y normativas que garanticen que los edificios reconstruidos estén mejor adaptados al cambio climático que los anteriores.

Propongo estos cuatro grandes titulares sobre la adaptación:

Las ciudades deben cambiar su forma de crecimiento. Las zonas urbanas albergan a más de la mitad de la población de la tierra —proporción que aumentará en los años venideros— y son responsables de más de las tres cuartas partes de la economía mundial. A medida que muchas ciudades de crecimiento más rápido se expanden, se acaba edificando en terrenos inundables, bosques y humedales que podrían absorber las crecidas durante una tormenta o retener el agua durante una sequía.

Si bien el cambio climático afectará a todas las urbes, los problemas más graves afectarán a las que se encuentran en la costa. Cientos de millones de personas podrían verse obligadas a abandonar sus hogares cuando los niveles del mar asciendan y las marejadas ciclónicas se intensifiquen. A mediados de este siglo, el cambio climático podría costar a las poblaciones litorales más de un billón de dólares... al año. Afirmar que esto exacerbará las dificultades a las que ya se enfrentan casi todas las ciudades —la pobreza, el incremento de personas sin hogar, la falta de acceso a la sanidad o la educación— sería quedarse corto.

¿En qué consistiría la adaptación de una ciudad al cambio climático? Para empezar, los urbanistas necesitan los últimos datos sobre los riesgos climáticos, así como proyecciones derivadas de los modelos informáticos que predicen el impacto del calentamiento global. (En la actualidad, muchas autoridades urbanas de países en desarrollo carecen hasta de mapas básicos que indiquen las zonas de la ciudad más propensas a inundaciones.) Armados con la información más actualizada, podrán tomar mejores decisiones sobre el trazado de los barrios y polígonos industriales, construir o ampliar diques marinos, protegerse de las tormentas, cada vez más violentas, reforzar los sistemas de drenaje de aguas pluviales y elevar los muelles para que permanezcan por encima del creciente nivel del mar.

Para ser realmente concretos: si queremos construir un puente sobre el río local, ¿debería tener una altura de cuatro o de seis metros? El más alto tendrá un coste mayor a corto plazo, pero si sabemos que las probabilidades de que se produzca una fuerte crecida en la próxima década son considerables, será la decisión más inteligente. Más vale construir un puente caro una vez que un puente barato dos.

Y no se trata solo de renovar la infraestructura con la que ya cuentan las ciudades: el cambio climático también nos obligará a plantearnos necesidades del todo nuevas. Por ejemplo, las ciudades con días de calor extremo y muchos habitantes que no pueden permitirse aire acondicionado tendrán que crear centros climatizados (instalaciones a las que pueda acudir la gente para huir de las altas temperaturas). Por desgracia, el aumento del uso de aire acondicionado implica también un incremento de las emisiones, una razón más por la que son importantes los avances en refrigeración de los que hablaba en el capítulo 8.

Debemos reforzar nuestras defensas naturales. Los bosques almacenan y regulan el agua. Los humedales impiden las inundaciones y proveen de agua a agricultores y ciudades. Los arrecifes de coral sirven de hogar a los peces de los que se alimentan las comunidades costeras. Pero estas y otras defensas naturales contra el cambio climático están desapareciendo a ojos vistas. Solo en 2018, se destruyeron cerca de 3,5 millones de hectáreas de bosque primario, y cuando el calentamiento alcance los dos grados centígrados —como cabe esperar que ocurra—, desaparecerán casi todos los arrecifes de coral del mundo.

Por otro lado, restablecer los ecosistemas resultaría de lo más beneficioso. Los servicios de agua de las ciudades más grandes ahorrarían hasta 890 millones de dólares al año si restauraran los bosques y las cuencas hidrográficas. Muchos países ya están abriendo camino: en Níger, una campaña de reforestación encabezada por agricultores ha disparado el rendimiento de los cultivos, ha aumentado la cubierta forestal y ha reducido el tiempo que dedican las mujeres a recoger leña de tres horas al día a media. China ha calificado cerca de una cuarta parte de su territorio como bienes naturales esenciales, y priorizará en ellos la conservación y protección del ecosistema. México ha declarado protegida una tercera parte de sus cuencas fluviales para preservar el suministro de agua a 45 millones de personas.

Si añadimos más ejemplos, sensibilizamos a la gente acerca de la importancia de los ecosistemas y ayudamos a otros países a seguir el mismo camino, disfrutaremos de los beneficios de una defensa natural contra el cambio climático.

Hay otra solución al alcance de la mano, por así decirlo: los manglares. Los mangles son árboles de baja altura que crecen en la costa, pues están adaptados a la vida en agua salada; atenúan las marejadas ciclónicas, evitan inundaciones costeras y protegen los hábitats de los peces. En total, los manglares ayudan a evitar unos 80.000 millones de dólares en pérdidas por inundaciones en todo el mundo y ahorran miles de millones más de otras maneras. Plantarlos es mucho más barato que construir rompeolas, y además los árboles mejoran la calidad del agua. Constituyen una excelente inversión.

Necesitaremos más agua potable de la que podemos suministrar. Debido al descenso del nivel de lagos y acuíferos y a su contaminación, cada vez resulta más difícil proveer de agua potable a todos los que la necesitan. La mayor parte de las megalópolis del mundo ya padecen escaseces severas y, si no se pone remedio, antes de mediados de siglo el número de personas que no dispondrá de agua razonablemente limpia al menos una vez al mes aumentará en más de un tercio, hasta los más de 5.000 millones de personas.

Plantar manglares es una gran inversión. Ayudan a evitar pérdidas de unos 80.000 millones de dólares anuales por inundaciones.[8]

La tecnología puede aportar parte de la solución. Ya sabemos cómo desalinizar el agua de mar para hacerla potable, pero el proceso requiere mucha energía, al igual que el transporte del agua desde el mar hasta la planta desalinizadora y el sistema para hacerla llegar a quienes la necesitan. (Esto significa que el problema del agua, como tantos otros, se reduce, en esencia, a un problema energético: si dispusiéramos de suficiente energía limpia y barata, podríamos potabilizar toda el agua que hiciera falta.)

Estoy siguiendo con atención una ingeniosa idea que consiste en extraer agua del aire. Se trata fundamentalmente de un deshumidificador que funciona con energía solar y está equipado con un sistema avanzado que filtra los contaminantes del aire. Esta tecnología ya existe en la actualidad, pero cuesta miles de dólares, demasiado para los pobres del mundo, que son quienes más sufrirán a causa de la escasez de agua.

Hasta que no se desarrolle una versión asequible de este sistema, debemos tomar medidas prácticas, incentivar la disminución de la demanda de agua y esforzarnos por incrementar su suministro. Esto incluye desde el tratamiento de las aguas residuales hasta el método de riego «justo a tiempo», que reduce el gasto de agua y al mismo tiempo aumenta el rendimiento de los cultivos.

Por último, para financiar los proyectos, debemos desbloquear nuevas inversiones. No me refiero a la ayuda exterior a países en desarrollo —aunque también será necesaria—, sino a la manera en que el dinero público puede animar a inversores privados a apoyar los proyectos de adaptación.

El problema que tenemos que superar es que, si bien los costes de la adaptación se pagan a tocateja, los beneficios económicos quizá tarden años en llegar. Es posible, por ejemplo, que protejas tu negocio contra inundaciones hoy, pero este no se vea azotado por una inundación hasta dentro de diez o veinte años. Además, la protección contra inundaciones no generará liquidez; los clientes no pagarán más por tus productos solo porque te hayas asegurado de que las aguas negras no te anegarán el sótano. Por lo tanto, los bancos se mostrarán reacios a prestarte el dinero para el proyecto o te cobrarán un tipo de interés más elevado. Sea como sea, tendrás que asumir parte de los gastos, en cuyo caso tal vez decidas abstenerte sin más de llevar a cabo la reforma.

Si extrapolamos este ejemplo a una ciudad, estado o país entero, comprenderemos por qué debe el sector público desempeñar un papel tanto en la financiación de los proyectos de adaptación como en la captación del sector privado. Tenemos que conseguir que la adaptación sea una inversión atractiva.

Para ello, hay que empezar por encontrar maneras de que los mercados financieros públicos y privados contemplen los riesgos del cambio climático y los evalúen de forma adecuada. Ya hay gobiernos y empresas que valoran los riesgos climáticos como criterio de selección de los proyectos; todos deberían hacerlo. Además, los gobiernos podrían asignar más fondos a la adaptación, fijar objetivos de inversión en el tiempo y adoptar políticas que mitiguen el riesgo para los inversores privados. Cuando los proyectos de adaptación comiencen a rendir frutos visibles, la inversión privada sin duda crecerá.

Quizá te estés preguntando cuánto costaría todo esto. No existe un método para determinar el precio de todo lo que tiene que hacer el mundo para adaptarse al cambio climático, pero la comisión de la que formo parte ha calculado los gastos en cinco campos clave (el desarrollo de sistemas de alerta temprana, la construcción de infraestructuras resistentes al clima, el aumento del rendimiento agrícola, la gestión del agua y la protección de los manglares) y ha llegado a la conclusión de que una inversión de 1,8 billones de dólares entre 2020 y 2030 tendría un retorno de más de 7 billones. Para comprender la magnitud de esta cifra, pensemos que, repartida a lo largo de una década, equivaldría a alrededor del 0,2 por ciento del PIB mundial, y que el retorno prácticamente cuadruplicaría el valor de lo invertido.

Los beneficios pueden medirse en función de las cosas malas que no suceden: guerras civiles que no estallan por los derechos sobre el agua, agricultores que no acaban en la ruina por una sequía o inundación, ciudades que no quedan arrasadas por un huracán, miles de personas que no se desplazan por los desastres climáticos. También pueden medirse en función de las cosas buenas que *sí* ocurren: niños que reciben los nutrientes que necesitan, familias que dejan atrás la pobreza y se incorporan a la clase media mundial, negocios, ciudades y países que prosperan a pesar de que el clima se calienta.

Al margen de nuestra opinión al respecto, los argumentos económicos están claros, y también los morales. La pobreza extrema ha caído en picado en el último cuarto de siglo, del 36 por ciento de la población mundial en 1990 al 10 por ciento en 2015,[9] aunque la COVID-19 ha supuesto un enorme revés para los progresos. El cambio climático podría dar al traste con aún más avances e incrementar hasta en un 13 por ciento el número de personas que viven en la pobreza extrema.

Quienes más hemos contribuido a este problema tenemos la obligación de ayudar al resto del planeta a sobrevivir a él. Se lo debemos.

Hay otro aspecto de la adaptación que merece mucha más atención de la que le estamos prestando: deberíamos prepararnos para el peor de los casos.

Los climatólogos han identificado muchos puntos de inflexión que podrían acelerar de forma dramática el cambio climático. Es el caso de las estructuras cristalinas semejantes al hielo que se encuentran en el fondo del océano y contienen grandes cantidades de metano; podrían volverse inestables y expulsar el gas de golpe. En un lapso relativamente corto, cabe la posibilidad de que sobrevengan desastres en diferentes partes del mundo, lo que echaría a perder nuestros intentos de prepararnos y actuar contra el cambio climático. Cuanto más suban las temperaturas, más probable será que alcancemos uno de estos puntos de inflexión.

Si en algún momento parecemos abocados hacia uno de ellos, empezaremos a oír hablar más de una serie de ideas audaces —o disparatadas, según algunos— que se engloban bajo la denominación general de «geoingeniería». Sus postulados no se han demostrado y suscitan cuestiones éticas espinosas. Con todo, vale la pena estudiarlos y debatirlos mientras aún podamos permitirnos el lujo de estudiar y debatir.

La geoingeniería es una herramienta innovadora, del tipo «romper el cristal en caso de emergencia». La idea fundamental consiste en operar cambios temporales en los océanos o la atmósfera terrestre con el fin de bajar la temperatura del planeta. El objetivo de estos cambios no sería eximirnos de la responsabilidad de reducir las emisiones, sino solo ganar tiempo para ponernos las pilas.

Llevo varios años financiando algunos estudios de geoingeniería (una financiación ínfima en comparación con los trabajos sobre atenuación que patrocino). Casi todas las propuestas de la geoingeniería se basan en la idea de que, para contrarrestar todo el calentamiento causado por los gases de efecto invernadero que hemos vertido en la atmósfera, debemos limitar en aproximadamente un 1 por ciento la cantidad de luz solar que recibe la tierra.*

Esto puede conseguirse de varias maneras. Una consiste en esparcir partículas extremadamente pequeñas —de apenas unas millonésimas de centímetro de diámetro— en las capas superiores de la atmósfera. Los científicos saben que estas partículas dispersarían la luz, lo que ocasionaría un enfriamiento del planeta, porque ya han observado el fenómeno: cuando un volcán especialmente poderoso entra en erupción, arroja a la atmósfera unas partículas similares que provocan un descenso mensurable de la temperatura global.

---

* Los cálculos son los siguientes: la tierra absorbe la luz solar a razón de unos 240 vatios por metro cuadrado. Hay suficiente carbono en la atmósfera para absorber el calor a un promedio de 2 vatios por metro cuadrado. Así pues, necesitamos atenuar el sol en 2/240, o un 0,83 por ciento. Sin embargo, como las nubes cambiarían debido a la geoingeniería solar, en realidad tendríamos que atenuar el sol un poco más, hasta cerca de un 1 por ciento de la luz solar recibida. Si la cantidad de carbono en la atmósfera se duplica, absorberá el calor a razón de unos 4 vatios por metro cuadrado, por lo que tendríamos que duplicar la atenuación hasta un 2 por ciento, aproximadamente.

Otra idea de la geoingeniería se basa en generar nubes más brillantes. Como la parte superior de las nubes dispersa la luz del sol, podríamos enfriar la tierra haciéndolas más reflectantes por medio de un aerosol salino que incrementa esta dispersión. Además, no sería necesario un gran incremento; obtener la reducción del 1 por ciento solo requeriría aumentar en un 10 por ciento el brillo de las nubes que cubren el 10 por ciento de la superficie terrestre.

Hay otras estrategias de geoingeniería; todas comparten tres características. En primer lugar, son relativamente baratas en comparación con la magnitud del problema, ya que los costes de capital iniciales serían inferiores a los 10.000 millones de dólares, y los gastos de funcionamiento, mínimos. En segundo lugar, el efecto sobre las nubes duraría cerca de una semana, así que podríamos utilizar este método durante el tiempo necesario y luego pararlo, sin que se produjera un impacto a largo plazo. Y, en tercer lugar, las dificultades técnicas con que quizá toparían estas ideas serían insignificantes en comparación con los obstáculos políticos con los que sin duda toparían.

Algunos detractores de la geoingeniería afirman que es un experimento a gran escala con el planeta, aunque, como señalan sus defensores, ya estamos experimentando a gran escala con el planeta al emitir cantidades ingentes de gases de efecto invernadero.

Para ser justos, hay que reconocer que necesitamos comprender mejor el posible impacto de la geoingeniería a nivel local. Esta preocupación legítima requiere un estudio mucho más exhaustivo antes de que nos planteemos siquiera probar la geoingeniería a gran escala en el mundo real. Además, como la atmósfera es literalmente un asunto de interés global, ningún país debería intentar aplicar la geoingeniería por su cuenta. Se requiere consenso.

En estos momentos cuesta imaginar que los diferentes países puedan ponerse de acuerdo en regular de forma artificial la temperatura del planeta. Sin embargo, la geoingeniería es nuestra única esperanza de enfriar la tierra en cuestión de años o incluso décadas sin arruinar la economía. Quizá llegue el día en que no nos quede alternativa. Más vale que nos preparemos ya para ese día.

10

POR QUÉ SON IMPORTANTES LAS POLÍTICAS GUBERNAMENTALES

En 1943, en el punto álgido de la Segunda Guerra Mundial, una densa nube de humo descendió sobre Los Ángeles. Era tan tóxica que a la gente le escocían los ojos y le moqueaba la nariz. Los conductores no veían tres manzanas más allá. Algunos vecinos creyeron que el ejército japonés había lanzado un ataque con armas químicas contra la ciudad.

Lo cierto era que nadie estaba atacando Los Ángeles..., al menos no un ejército extranjero. El auténtico culpable era el esmog, creado por la desafortunada coincidencia de la contaminación ambiental con determinadas condiciones meteorológicas.

Casi una década después, en diciembre de 1952, Londres pasó cinco días paralizado por el esmog. Los autobuses y las ambulancias dejaron de circular. La visibilidad era tan baja, incluso en el interior de los edificios, que los cines cerraron. Los saqueadores campaban a sus anchas, porque los policías no alcanzaban a ver más que a unos metros de distancia en cualquier dirección. (Los aficionados a la serie de Netflix *The Crown*, como yo, recordarán un emocionante episodio de la primera temporada que se desarrolla durante estos terribles sucesos.) Como resultado del incidente, conocido en la actualidad como la Gran Niebla de Londres, murieron al menos 4.000 personas.

Debido a sucesos de este tipo, en los años cincuenta y sesenta, la contaminación del aire se convirtió en uno de los principales motivos de preocupación pública en Estados Unidos y Europa, y los legisladores reaccionaron con presteza. En 1955, el Congreso estadounidense comenzó a asignar fondos a la investigación del problema y sus posibles remedios. Al año siguiente, el gobierno británico promulgó la Ley de Aire Limpio, que establecía por todo el país zonas de control del humo, en las que solo se permitía el uso de carburantes de combustión más limpia. Siete años después, la Ley de Aire Limpio de Estados Unidos instauró en el país el sistema moderno de regulación de la contaminación atmosférica; continúa siendo la ley más exhaustiva —y una de las más influyentes— sobre la polución del aire, que puede poner en peligro la salud pública. En 1970, el presidente Nixon fundó la Agencia de Protección Ambiental para ayudar a aplicarla.

La Ley de Aire Limpio estadounidense logró su objetivo —limpiar el aire de gases venenosos—, y desde 1990 el nivel de dióxido de nitrógeno de las emisiones en Estados Unidos ha descendido en

Este agente de policía tuvo que utilizar una bengala para dirigir el tráfico durante la Gran Niebla de Londres, en 1952.[1]

un 56 por ciento, el monóxido de carbono en un 77 por ciento, y el dióxido de azufre en un 88 por ciento. El plomo prácticamente ha desaparecido de las emisiones de nuestro país. Pese a que aún queda trabajo por hacer, logramos todo esto cuando tanto la economía como la población se hallaban en pleno crecimiento.

Pero no hace falta remontarse en el tiempo para encontrar ejemplos de políticas lúcidas que ayudan a resolver problemas como el de la contaminación atmosférica. En 2014, China puso en marcha varios programas en respuesta al grave aumento del esmog en núcleos urbanos y al rápido ascenso de los niveles de contaminantes peligrosos en el aire. El gobierno fijó nuevos objetivos de reducción de la polución atmosférica, prohibió la construcción de centrales de carbón cerca de las ciudades más contaminadas y estableció límites a la circulación de vehículos no eléctricos en las grandes urbes. Al cabo de unos años, Beijing anunciaba una disminución del 36 por ciento en ciertos tipos de contaminantes, y Baoding, una localidad de 11 millones de habitantes, informaba de un descenso del 38 por ciento.

Aunque la contaminación del aire no ha dejado de ser una de las principales causas de enfermedad y decesos —con toda probabilidad mata a más de 7 millones de personas al año—, no cabe duda de que las medidas que hemos tomado han evitado que la cifra sea aún más alta.* (También han ayudado a reducir un poco los gases de efecto invernadero, si bien no era su propósito inicial.) En la actualidad, ejemplifican mejor que nada el papel destacado que deben desempeñar las políticas gubernamentales en los esfuerzos por evitar un desastre climático.

---

* Los incendios forestales, como los que azotaron el oeste de Estados Unidos en 2020, son una cuestión distinta pero relacionada. Debido al humo provocado por las llamas, salir de casa no era seguro para millones de personas.

Reconozco que el término «política» resulta vago y anodino. Un gran logro como un tipo de batería es más glamuroso que las políticas que han permitido que algún químico lo inventara. Con todo, el logro ni siquiera se habría producido sin un gobierno que invirtiera el dinero de los impuestos en investigación, políticas diseñadas para llevar esa investigación del laboratorio a los mercados y normativas que hubieran creado mercados y facilitado su implementación a gran escala.

En este libro he hecho hincapié en los inventos que necesitamos para alcanzar la meta del cero —nuevas maneras de almacenar electricidad y fabricar acero, entre otras cosas—, pero la innovación no es solo cuestión de desarrollar dispositivos nuevos, sino también de elaborar políticas nuevas para demostrar la utilidad de esos inventos y colocarlos en el mercado lo antes posible.

Por suerte, para formular dichas políticas, no partimos de una página en blanco. Tenemos *mucha* experiencia en lo que atañe a la regulación de la energía. De hecho, se trata de uno de los sectores más regulados de la economía, tanto en Estados Unidos como en el resto del mundo. Además de un aire más limpio, las políticas energéticas inteligentes nos han brindado lo siguiente:

Electrificación. En 1910, solo el 12 por ciento de los estadounidenses contaban con luz eléctrica en sus casas. En 1950, esta cifra había aumentado a más del 90 por ciento gracias a iniciativas como los fondos federales para la construcción de presas, la creación de agencias federales de regulación de la energía y un gigantesco proyecto gubernamental para llevar la electricidad a las zonas rurales.

Seguridad energética. A raíz de las crisis del petróleo de los setenta, Estados Unidos se propuso incrementar la producción nacional mediante diversas fuentes de energía. El gobierno federal presentó sus primeros proyectos de investigación y desarrollo en 1974. Al año siguiente se aprobó una legislación importante relativa a la conservación de la energía, que incluía normas de uso eficiente del combustible para los vehículos. Dos años después se creó el Departamento de Energía. Luego, en los ochenta, el precio del petróleo se desplomó y aparcamos muchos de estos planes..., hasta que el precio comenzó a subir de nuevo en la primera década del siglo XXI, lo que desató una nueva oleada de inversiones y regulaciones. Gracias a estos y otros esfuerzos, en 2019, por primera vez en setenta años, Estados Unidos exportó más energía de la que importó.[2]

Recuperación económica. Después de la Gran Recesión de 2008, los gobiernos, para crear empleo e impulsar la inversión, destinaron fondos a la energía renovable, la eficiencia energética, las infraestructuras eléctricas y las redes ferroviarias. En 2018, China lanzó un paquete de estímulos de 584.000 millones de dólares que, en gran parte, se destinó a proyectos verdes. La Ley de Reinversión y Recuperación de Estados Unidos de 2009 establecía deducciones fiscales, subvenciones federales, garantías de crédito y fondos para investigación y desarrollo con el propósito de apuntalar la economía y disminuir las emisiones. Si bien se trata de la mayor inversión en energía limpia y eficiencia energética realizada en la historia de Estados Unidos, fue una inyección puntual, no un cambio duradero en las políticas públicas.

Ha llegado el momento de volcar nuestra experiencia como responsables de políticas en el desafío al que nos enfrentamos: reducir a cero las emisiones de gases de efecto invernadero.

Los dirigentes de todos los países habrán de articular un plan sobre la transición de la economía global a la neutralidad en carbono. Dicho plan, a su vez, puede guiar las acciones de particulares y empresas del mundo entero. Los funcionarios del gobierno pueden redactar normas sobre la cantidad de carbono que las centrales eléctricas, los vehículos y las fábricas tienen permitido emitir. Pueden adoptar normativas que den forma a los mercados financieros y aclarar los riesgos del cambio climático a los sectores públicos y privados. Pueden seguir cumpliendo con la función de principales inversores en investigación científica que ya realizan y elaborar las reglas que determinan la rapidez con que los productos nuevos acceden al mercado. Y pueden ayudar a arreglar algunos problemas que el mercado no está capacitado para solucionar, como los costes ocultos que los productos emisores de carbono conllevan para el medio ambiente y las personas.

Aunque muchas de estas decisiones se toman dentro del ámbito nacional, los gobiernos estatales y municipales también desempeñan un papel importante. En numerosos países, los gobiernos subnacionales regulan los mercados de la electricidad y dictan normas sobre el uso energético en los edificios. Trazan proyectos de grandes obras —presas, redes de transporte, puentes y carreteras— y determinan dónde realizarlas y con qué materiales. Compran vehículos policiales y camiones de bomberos, almuerzos escolares y bombillas. A cada paso, alguien tendrá que decidir si se opta por la alternativa verde o no.

Quizá parezca una ironía que yo esté propugnando una mayor intervención del gobierno. Cuando estaba construyendo Microsoft, guardaba las distancias respecto a los responsables de las políticas de Washington y el mundo, pues creía que obstaculizarían nuestra mejor labor.

En parte, el juicio antimonopolio entablado por el gobierno

estadounidense contra Microsoft a finales de los noventa me llevó a comprender que deberíamos haber tratado con los responsables de las políticas desde el principio. También sé que, cuando llega el momento de acometer iniciativas de envergadura —ya sea construir una red de carreteras nacional, vacunar a los niños del mundo o descarbonizar la economía global—, necesitamos que el gobierno asuma un papel destacado en la creación de los incentivos adecuados y se asegure de que el sistema en conjunto beneficie a todos.

Las empresas y los particulares también tendrán que poner su grano de arena, por supuesto. En los capítulos 11 y 12 propondré un plan para llegar al cero, con pasos concretos que tanto los gobiernos como las compañías y los individuos podemos seguir. Sin embargo, como los gobiernos desempeñarán un papel tan importante, antes quiero sugerir siete metas de alto nivel a las que deberían aspirar.

1. Cuidado con el déficit de inversión

El primer horno de microondas salió al mercado en 1955. Costaba casi 12.000 dólares, al valor actual. En la actualidad se puede comprar uno que funcione perfectamente por 50 dólares.

¿Por qué se abarataron tanto los microondas? Porque los consumidores comprendieron de inmediato las ventajas de un aparato capaz de calentar la comida en una fracción de lo que tarda un horno convencional. Las ventas de microondas se dispararon enseguida, lo cual impulsó la competencia en el mercado, que a su vez fomentó una producción cada vez más barata de estos electrodomésticos.

Ojalá el mercado energético funcionara así también, y el producto con las mejores características triunfara sobre sus competidores. Pero un electrón sucio ilumina igual de bien que uno limpio. Por consiguiente, sin la intervención gubernamental —para imponer un precio al carbono o normas que exijan un mínimo de electrones verdes en el mercado—, no habrá garantías de que la empresa que invierta en electricidad limpia obtenga beneficios. Y ese es un riesgo considerable, porque la energía es un sector muy regulado que requiere mucho capital.

Así pues, no cuesta entender por qué el sector privado invierte demasiado poco en I+D en energía. Las compañías energéticas gastan en ello el 0,3 por ciento de sus ingresos, en promedio. Las industrias electrónica y farmacéutica, en cambio, destinan casi el 10 y el 13 por ciento, respectivamente.

Necesitaremos políticas y financiación públicas para reducir estas diferencias y centrarnos sobre todo en los ámbitos en los que se requieren adelantos en tecnología neutra en carbono. Cuando una idea está en una fase inicial —es decir, cuando no estamos seguros de si dará resultado, y el éxito puede tardar más de lo que los bancos o los inversores de capital de riesgo están dispuestos a esperar—, podemos asegurarnos de que se explore a fondo por medio de unas políticas y una financiación adecuadas. Es posible que conduzca a un avance extraordinario, pero también a un descalabro, así que debemos tolerar algunos fracasos rotundos.

En general, es responsabilidad del gobierno invertir en I+D cuando el sector privado no lo hace porque considera que no le reportará beneficios. Una vez que queda claro que una empresa puede obtener ganancias, el sector privado toma las riendas. De hecho, fue justo así como se consolidaron productos que muchos usamos a diario, como internet, los medicamentos que salvan vidas y el Sistema de Posicionamiento Global que utiliza nuestro teléfono móvil para ayudarnos a orientarnos por la ciudad. El negocio de la informática personal —del que participa Microsoft— jamás habría alcanzado el éxito del que goza en la actualidad si el gobierno de Estados Unidos no hubiera financiado la investigación que dio lugar a microprocesadores más pequeños y veloces.

En algunos sectores, como el de la tecnología digital, el gobierno pasa el testigo a las empresas con bastante rapidez. En el caso de la energía limpia, el proceso es mucho más lento y requiere un compromiso financiero del gobierno aún más firme, pues la labor de científicos e ingenieros consume una gran cantidad de tiempo y recursos.

La inversión en investigación presenta otra ventaja: a menudo ayuda a fundar negocios en un país que exporta sus productos a otros. Por ejemplo, supongamos que el país 1 podría desarrollar un electrocombustible barato y venderlo no solo entre su propia población, sino también al país 2. Aunque el país 2 no tuviera un empeño especial en recortar sus emisiones, acabaría haciéndolo de todos modos, sencillamente porque otros han inventado un combustible mejor y más económico.

Por último, aunque la I+D rinde beneficios por sí misma, resulta más eficaz cuando se complementa con estímulos a la demanda. Ninguna empresa convertirá en producto una idea expuesta en una publicación científica si no confía en que encontrará compradores bien dispuestos, sobre todo en las fases iniciales, cuando el producto será caro.

2. Igualar el terreno de juego

Como he defendido *ad infinitum* (tal vez incluso *ad nauseam*), tenemos que reducir las primas verdes a cero. Esto cabe lograrlo en parte con las innovaciones descritas entre los capítulos 4 y 8, abaratando la fabricación del acero neutro en carbono, por ejemplo. Pero también podemos elevar el precio de los combustibles fósiles sumándole el coste de los perjuicios que generan.

En la actualidad, los productos elaborados por las empresas o adquiridos por los consumidores no llevan ningún sobrecoste por el carbono emitido durante su fabricación, a pesar de que la sociedad paga un precio muy real por él. Es lo que los economistas llaman «externalidades»: un gasto que recae sobre la sociedad en lugar de sobre la persona o la empresa responsables. Existen varios instrumentos para garantizar que al menos una parte de esos costes externos los pague quien los ha ocasionado, como el impuesto sobre el carbono o los programas de comercio de derechos de emisión.

En resumidas cuentas, para reducir las primas verdes podemos hacer que las cosas sin huella de carbono sean más baratas (lo que requiere innovación técnica), hacer que las cosas con una elevada huella de carbono resulten más caras (lo que requiere innovación en las políticas), o hacer una mezcla de ambas cosas. No se trata de castigar por las emisiones de gases de efecto invernadero, sino de crear incentivos para que los inventores ideen alternativas verdes. Al incrementar de forma progresiva el precio del carbono hasta que refleje su coste real, los gobiernos pueden alentar a productores y consumidores a tomar decisiones más eficientes y estimular innovaciones que reduzcan las primas verdes. Es mucho más probable que alguien se lance a desarrollar una nueva clase de electrocombustible si sabe que no tendrá que competir con gasolina abaratada de manera artificial.

3. Superar las barreras no relacionadas con el mercado

¿Por qué se resisten los propietarios de viviendas a sustituir las calderas de combustibles fósiles por las eléctricas, que producen menos emisiones? Porque desconocen las alternativas, no hay suficientes vendedores e instaladores cualificados, y de hecho estas calderas son ilegales en algunos lugares. ¿Por qué los arrendadores no renuevan los edificios con equipos más modernos? Porque pasan las facturas de energía a sus inquilinos, que a menudo no tienen permiso para hacer reformas y que es probable que no residan el tiempo suficiente en el edificio para cosechar los beneficios a largo plazo.

Como ya habrás advertido, ninguna de estas barreras tiene mucho que ver con el coste. Se deben sobre todo a la falta de información, personal cualificado o incentivos, factores todos en los que unas políticas públicas adecuadas podrían influir en gran medida.

4. Mantenerse al día

En ocasiones, el mayor obstáculo para la descarbonización no está en la falta de concienciación del consumidor ni en los mercados descontrolados, sino en las propias políticas gubernamentales.

Si, por ejemplo, queremos utilizar hormigón en una construcción, el código de edificación establece con pelos y señales las características que debe poseer: su resistencia, el peso que debe soportar, etcétera. También es posible que describa la composición química exacta del hormigón que podemos usar. Estas normativas suelen rechazar algunos tipos de cemento con baja huella de carbono, incluso aunque cumplan todos los criterios de calidad.

Nadie quiere que los edificios o puentes se derrumben a causa de un hormigón defectuoso. Sin embargo, podemos asegurarnos de que las normativas recojan los últimos avances en tecnología y la necesidad de alcanzar el cero cuanto antes.

5. Planear una transición justa

Es probable que un cambio a gran escala hacia una economía neutra en carbono tenga sus ganadores y sus perdedores. En Estados Unidos, los estados cuya economía depende en gran medida de la extracción de combustibles fósiles —como Texas y Dakota del Norte, por ejemplo— habrán de crear empleos tan bien pagados como los que se perderán, además de compensar la disminución de los ingresos fiscales con los que en la actualidad se financian escuelas, carreteras y otros servicios esenciales. Y lo mismo vale para los estados ganaderos, como Nebraska, si la carne artificial gana terreno a la convencional. Y las personas con escasos recursos, que ya gastan una porción significativa de sus ingresos en energía, son quienes acusarán más los efectos de las primas verdes.

Ojalá hubiera respuestas fáciles a estos problemas. Hay comunidades donde los empleos bien remunerados en la industria del petróleo y el gas sin duda cederán el paso a puestos de trabajo en la industria de la energía solar, por ejemplo. Sin embargo, muchos otros tendrán que emprender una transición difícil hacia medios de vida que no consistan en extraer combustibles fósiles. Como las soluciones variarán de una zona a otra, las autoridades locales serán las que deberán concretarlas. Con todo, el gobierno federal puede contribuir —como parte de un plan nacional para llegar al cero— aportando fondos y asesoramiento técnico, así como conectando comunidades de todo el país que experimenten problemas similares para que compartan información sobre las medidas que estén dando resultado.

Por último, en las comunidades donde la extracción de carbón o gas natural constituye una parte importante de la economía, a la gente le preocupará, comprensiblemente, que la transición le dificulte llegar a fin de mes. El hecho de que expresen esta preocupación no los convierte en negacionistas del cambio climático. No hace falta ser experto en ciencias políticas para pensar que los líderes nacionales que propugnan la necesidad de llegar al cero obtendrán un mayor apoyo si comprenden las inquietudes de las familias y comunidades cuyo sustento se verá gravemente afectado y se las toman en serio.

6. Abordar también las tareas difíciles

Una parte considerable de la lucha contra el cambio climático se centra en las maneras relativamente fáciles de reducir las emisiones, como conducir coches eléctricos y obtener más energía del sol y el viento. Esto tiene su lógica, pues realizar progresos visibles y exhibir los logros a corto plazo alienta a más gente a subirse al carro. Es importante: no estamos haciendo ni una pequeña fracción de las cosas fáciles que deberíamos, lo que nos brinda la enorme oportunidad de empezar a llevar a cabo avances gigantescos desde este momento.

Pero no podemos conformarnos con los objetivos sencillos. Ahora que el movimiento a favor del clima está poniéndose serio, necesitamos asumir también los retos difíciles: el almacenamiento de la electricidad, los combustibles limpios, el cemento, el acero y el fertilizante, entre otras cosas. Y eso requerirá adoptar un enfoque distinto al trazar las nuevas políticas. Además de implementar los instrumentos de los que ya disponemos, habrá que invertir más en I+D orientados a posibilitar los objetivos difíciles y —como buena parte de ellos son vitales para elementos de nuestra infraestructura física, como edificios y carreteras— poner en marcha políticas diseñadas expresamente para realizar esos avances y trasladarlos al mercado.

7. Aunar la tecnología y las políticas con los mercados

Además de la tecnología y las políticas, debemos tener en cuenta un tercer aspecto: las empresas que desarrollarán nuevos inventos e intentarán comercializarlos a escala global, así como los inversores y mercados financieros que las avalarán. A falta de una palabra mejor, agruparé estos agentes bajo el término «mercados».

Los mercados, la tecnología y las políticas conforman los tres niveles que debemos impulsar para desvincularnos de los combustibles fósiles. Tenemos que impulsar los tres a un tiempo y en la misma dirección.

Limitarnos a adoptar una política —una normativa de cero emisiones para los vehículos, por ejemplo— no servirá de mucho si carecemos de la tecnología para eliminar las emisiones o si no hay empresas dispuestas a fabricar y vender coches que cumplan con los requisitos. Por otro lado, contar con una tecnología de bajas emisiones —por ejemplo, un dispositivo que capture el carbono de los gases de escape de una central de carbón— tampoco servirá de mucho si no contamos con el estímulo financiero para que las compañías energéticas la instalen. Y pocas empresas apostarían por el desarrollo de inventos de cero emisiones si la competencia vende productos más baratos derivados de los combustibles fósiles.

Por eso los mercados, las políticas y la tecnología deben complementarse. Medidas como la inversión en I+D pueden contribuir a la creación de tecnologías nuevas y a la configuración de sistemas de mercado que permitan que estas lleguen a millones de personas. Pero esto funciona también a la inversa: las tecnologías que desarrollamos deben configurar a su vez las políticas. Si, pongamos por caso, descubriéramos un combustible líquido revolucionario, nuestras políticas se centrarían en crear las estrategias de inversión y financiación para distribuirlo a escala mundial, y no tendríamos que preocuparnos tanto por encontrar nuevas maneras de almacenar energía, entre otras cosas.

A continuación, ofrezco algunos ejemplos de lo que ocurre cuando los tres factores concurren y cuando no.

Para ver el efecto de las políticas que quedan rezagadas respecto a la tecnología, basta con fijarse en la industria de la energía nuclear. Se trata de la única fuente de energía neutra en carbono que podemos utilizar casi en cualquier lugar, las veinticuatro horas, todos los días de la semana. Un puñado de compañías, entre ellas TerraPower, están trabajando en reactores avanzados que solventarán los problemas que entraña el diseño de hace cincuenta años en el que se basan los actuales; serán más seguros, baratos y generarán muchos menos residuos. Sin embargo, sin las políticas adecuadas y una aproximación correcta a los mercados, los esfuerzos de científicos e ingenieros por desarrollar estos reactores avanzados caerán en saco roto.

Jamás se construirá ninguna central nuclear avanzada a menos que se valide el diseño, se establezcan las cadenas de suministro y se construya un proyecto piloto para demostrar la eficacia del nuevo sistema. Por desgracia, esto no resulta viable para la mayoría de los países, con pocas excepciones, como China y Rusia, los cuales invierten directamente en compañías de energía nuclear avanzada que cuentan con el apoyo del estado. Sería deseable que algunos gobiernos estuvieran dispuestos a coinvertir en ellas para construir y poner en operación reactores piloto, como ha hecho recientemente el gobierno estadounidense. Soy consciente de que esto quizá parezca una propuesta interesada, ya que soy propietario de una empresa de tecnología nuclear avanzada, pero es la única manera de que esta energía nos ayude a combatir el cambio climático.

El ejemplo de los biocarburantes ilustra un reto diferente: tener muy claro el problema que intentamos resolver y afinar las políticas en función de ello.

En 2005, a raíz de la subida del precio del petróleo y con el propósito de disminuir las importaciones, el Congreso estadounidense aprobó la Normativa de Combustibles Renovables, que fijaba metas respecto a la cantidad de biocarburantes que el país debía utilizar en los años siguientes. La aprobación por sí sola enviaba un mensaje contundente al sector del transporte, que invirtió mucho dinero en el tipo de biocombustible que existía entonces: el etanol derivado del maíz. Este producto se había convertido ya en un serio competidor de la gasolina, pues esta no dejaba de encarecerse y los productores de etanol disfrutaban de deducciones fiscales establecidas décadas atrás.

La medida dio resultado. La producción de etanol no tardó en superar los objetivos fijados por el Congreso; en la actualidad, un litro de gasolina vendido en Estados Unidos puede contener hasta un 10 por ciento de etanol.

Luego, en 2007, el Congreso recurrió a los biocarburantes para resolver otro problema. Su objeto de preocupación ya no era solo el aumento de los precios del petróleo, sino también el cambio climático. Además de fijar metas más ambiciosas respecto a los biocombustibles, el gobierno estableció la exigencia de que cerca del 60 por ciento de todos los que se vendieran en Estados Unidos estuvieran elaborados a partir de almidones que no procedieran del maíz (pues esta clase de biocarburantes comporta una reducción de emisiones tres veces mayor que los convencionales). Si bien las refinerías cumplieron enseguida con los objetivos fijados para los biocombustibles convencionales derivados del maíz, las alternativas avanzadas quedaron muy atrás.

¿Por qué? En parte porque la ciencia en la que se basan los biocombustibles avanzados es de lo más complicada. Además, los precios del petróleo se han mantenido relativamente bajos, lo que hace que resulte difícil justificar un incremento de las inversiones en una alternativa que saldría más cara. Pero otra razón de peso es que ni las empresas que podrían fabricar estos biocarburantes ni los inversores que podrían apostar por ellas las tenían todas consigo respecto al mercado.

Como la rama ejecutiva espera un déficit en la oferta de biocombustibles avanzados, no ha dejado de rebajar los objetivos. En 2017, estos pasaron de 20.800 millones a solo 1.180 millones de litros. Además, hay ocasiones en que los objetivos se anuncian tan entrado el año que los productores no pueden hacer previsiones de cuánto venderán. Es un círculo vicioso: el gobierno rebaja la cuota porque teme un déficit, y los déficits se suceden porque el gobierno no cesa de rebajar la cuota.

La moraleja es que los responsables de las políticas deben explicar con claridad la meta que intentan alcanzar y conocer bien la tecnología que quieren promover. Plantearse una meta con los biocarburantes fue una buena manera de reducir las importaciones de petróleo por parte de Estados Unidos, porque ya existía una tecnología —el etanol de maíz— que permitía ajustarse a ese objetivo. La medida favoreció la innovación, desarrolló el mercado y logró ampliarlo. Pero establecer una meta con los biocombustibles no ha resultado muy eficaz para reducir las emisiones, pues los responsables de las políticas no han tenido en cuenta que la tecnología adecuada —los biocarburantes avanzados— sigue en una etapa temprana y no han generado la certeza que el mercado necesita para impulsarla hacia fases más avanzadas.

Echemos ahora un vistazo a una historia de éxito en la que las políticas, la tecnología y los mercados se coordinaron de manera mucho más eficaz. Ya en la década de los setenta, Japón, Estados Unidos y la Comunidad Económica Europea empezaron a financiar la investigación sobre las diversas formas de obtener electricidad a partir de la luz del sol. A principios de los noventa, la tecnología solar había mejorado tanto que más empresas comenzaron a fabricar placas, pero el uso de esta energía aún no se había generalizado.

Alemania dio un impulso al mercado concediendo préstamos a bajo interés a quienes instalaran placas solares y pagando una tarifa regulada —una cantidad fijada por el gobierno por unidad de electricidad procedente de fuentes renovables— a todo aquel que aportara energía solar a la red.[3] Más tarde, en 2011, Estados Unidos utilizó garantías de crédito para costear los cinco campos solares más grandes del país.[4] China se ha erigido como una pieza clave en la búsqueda de sistemas ingeniosos para abaratar los paneles solares. Gracias a todas estas innovaciones, el precio de la electricidad de origen solar ha descendido un 90 por ciento desde 2009.

La energía eólica constituye otro buen ejemplo. En la última década, la capacidad eólica instalada ha crecido en promedio un

20 por ciento al año, y las turbinas de viento generan en la actualidad cerca del 5 por ciento de la electricidad mundial. La eólica va en aumento por una sencilla razón: cada vez es más barata. China, que produce una parte considerable y creciente de la energía eólica del mundo, ha anunciado que pronto dejará de subvencionar los proyectos eólicos terrestres, porque la electricidad que producen será tan barata como la procedente de fuentes convencionales.

Para entender cómo hemos llegado a esto, pensemos en Dinamarca. En medio de las crisis del petróleo de los setenta, el gobierno danés promulgó una serie de medidas con vistas a fomentar la energía eólica y disminuir las importaciones de petróleo. Entre otras cosas, el estado invirtió mucho dinero en I+D de energías renovables. No fueron los únicos (por aquel entonces Estados Unidos comenzaba a desarrollar turbinas eólicas a escala de servicios públicos en Ohio), pero los daneses hicieron algo especial. Combinaron el apoyo a I+D con una tarifa regulada y, más tarde, un impuesto sobre el carbono.

A medida que países como España abrazaban también esta tecnología, el sector eólico empezó a descender en la curva de experiencia. Las empresas contaban ya con incentivos para desarrollar rotores más grandes y máquinas de mayor capacidad que permitían que cada turbina produjera más energía, y comenzaron a vender más unidades. Con el tiempo, el coste de las turbinas cayó en picado, y también el de la electricidad de origen eólico: en Dinamarca, se redujo a la mitad entre 1987 y 2001. Hoy en día, el país obtiene cerca del 50 por ciento de su electricidad de parques eólicos tanto marinos como terrestres, y es el principal exportador de turbinas de viento del mundo.

Quiero dejar clara una cosa: no he citado estos ejemplos como prueba de que las energías solar y eólica son la solución a todas

Dinamarca ayudó a allanar el camino para que la energía eólica fuera más asequible. Estas turbinas están en la isla de Samsø.[5]

nuestras necesidades en materia de electricidad (en realidad, no son más que dos de las soluciones a algunas de estas necesidades). Mi intención es demostrar que, cuando nos centramos en los tres factores a un tiempo —la tecnología, las políticas y los mercados—, podemos promover la innovación, la creación de nuevas empresas y la comercialización rápida de nuevos productos.

Todo plan relativo al cambio climático debe tener presente que estos tres elementos han de ir coordinados. En el próximo capítulo propondré un plan que cumple con esta condición.

11

UN PLAN PARA LLEGAR AL CERO

En 2015, cuando asistí en París a la cumbre sobre el clima, no podía evitar preguntarme «¿De verdad podemos conseguirlo?».

Resultaba inspirador ver a líderes de todo el mundo unidos para asumir metas en torno al clima al tiempo que casi todos los países se comprometían a recortar las emisiones. Sin embargo, una encuesta tras otra demostraba que el cambio climático seguía siendo una cuestión política marginal (en el mejor de los casos), de modo que me preocupaba que nunca tuviéramos la suficiente fuerza de voluntad para acometer esta difícil tarea.

Me alegra constatar que el interés público en el cambio climático ha crecido mucho más de lo que me esperaba. Durante los últimos años, el debate mundial sobre el tema ha dado un giro tan sorprendente como positivo. La voluntad política está cobrando fuerza a todos los niveles, los votantes del mundo entero exigen medidas, y los estados y municipios se comprometen a realizar reducciones radicales en apoyo (o, en el caso de Estados Unidos, en sustitución) de sus objetivos nacionales.

Ahora hace falta que conjuguemos estas metas con planes concretos para cumplirlas, como cuando, en los primeros días de

Microsoft, Paul Allen y yo teníamos un objetivo («un ordenador en cada escritorio y en cada hogar») y dedicamos la década siguiente a trazar y ejecutar un plan para alcanzarlo. La gente nos tomaba por locos por aspirar a tanto, pero ese desafío era una minucia en comparación con el que supone la lucha contra el cambio climático, una empresa de dimensiones colosales en la que habrán de implicarse personas e instituciones de todo el mundo.

El capítulo 10 giraba en torno al papel que deben representar los gobiernos para lograr ese objetivo. En este capítulo esbozaré una hoja de ruta para evitar un desastre climático, centrándome en las medidas concretas que pueden tomar los gobernantes y responsables políticos (si deseas información más detallada acerca de cada elemento, visita breakthroughenergy.org). En el capítulo siguiente expondré lo que cada uno de nosotros puede hacer a título individual en apoyo de este plan.

¿Con qué rapidez debemos llegar al cero? La ciencia nos indica que, para evitar una catástrofe climática, los países ricos habrán de lograr unas emisiones netas nulas antes de 2050. Quizá hayas oído a gente que afirma que podemos llevar a cabo una descarbonización a fondo incluso antes, para 2030.

Por desgracia, debido a todas las razones que he explicado en este libro, el plazo de 2030 no es realista. Los combustibles fósiles desempeñan un papel tan fundamental en nuestra vida que resulta inconcebible que dejemos de usarlos de forma generalizada en el plazo de una década.

Lo que podemos —y *debemos*— hacer en los próximos diez años es adoptar medidas que encaucen nuestros esfuerzos hacia la meta de una descarbonización profunda antes de 2050.

Esta distinción, aunque no muy evidente a primera vista, es esencial. De hecho, podría parecer que «reducir las emisiones antes de 2030» y «llegar al cero antes de 2050» son objetivos complementarios. ¿Acaso 2030 no es una escala en el camino hacia 2050?

No necesariamente. Reducir las emisiones antes de 2030 del modo equivocado podría incluso *impedirnos* llegar al cero algún día.

¿Por qué? Porque las medidas que adoptaríamos para realizar reducciones pequeñas antes de 2030 serían radicalmente distintas de las que tomaríamos para alcanzar el cero antes de 2050. En realidad, se trata de dos vías diferentes, con indicadores de éxito distintos, y tenemos que elegir entre ellos. Es genial tener objetivos para 2030 siempre que sean hitos en el camino al cero emisiones para 2050.

He aquí el porqué. Si nos fijamos el propósito de disminuir las emisiones solo en parte antes de 2030, nos centraremos en los esfuerzos para conseguirlo, incluso si esos esfuerzos nos dificultan o imposibilitan alcanzar la meta definitiva del cero.

Por ejemplo, si el único indicador de éxito es «reducir antes de 2030», resultará tentador intentar sustituir las centrales eléctricas de carbón por otras de gas; al fin y al cabo, eso reduciría las emisiones de dióxido de carbono. Sin embargo, todas las centrales de gas construidas de aquí a 2030 continuarían operativas en 2050 —tendrán que funcionar durante décadas para recuperar el coste de su construcción—, y las centrales de gas natural también emiten gases de efecto invernadero. Lograríamos el objetivo de «reducir antes de 2030», pero tendríamos pocas posibilidades de llegar al cero.

Por otro lado, si el objetivo de «reducir antes de 2030» es un hito hacia el «cero antes de 2050», no tiene mucho sentido emplear mucho tiempo o dinero en pasarnos del carbón al gas. En cambio, nos convendrá más seguir dos estrategias simultáneamente: en primer lugar, dejarnos la piel en conseguir un suministro de electricidad neutra en carbono barato y fiable; en segundo lugar, electrificar todo lo que se pueda, desde los vehículos hasta los procesos industriales y las bombas de calor, incluso en zonas que en la actualidad dependen de la electricidad producida a partir de combustibles fósiles.

Si pensáramos que lo único que importa es reducir las emisiones antes de 2030, este enfoque sería un fracaso, pues es posible que no comportase más que reducciones mínimas a lo largo de una década. Con todo, estaríamos allanando el terreno para el éxito a largo plazo. Cada avance en la generación, el almacenamiento y el suministro de electricidad verde nos acercaría un poco más al objetivo del cero.

Si queremos un baremo para determinar qué países están haciendo progresos contra el cambio climático y qué países no, no basta con fijarnos en los que están disminuyendo las emisiones. Debemos buscar aquellos que estén preparándose para llegar al cero. Aunque tal vez sus emisiones no varíen mucho ahora mismo, hay que reconocerles el mérito de haber tomado la senda correcta.

En una cosa estoy de acuerdo con los defensores de la meta de 2030: se trata de una labor urgente. Hoy en día nos encontramos en el mismo punto respecto al cambio climático que hace años respecto a las pandemias. Los expertos en salud nos avisaban de que un brote masivo era prácticamente inevitable. A pesar de sus advertencias, no hicimos todo lo necesario para prepararnos..., hasta que de pronto tuvimos que apresurarnos y recuperar el tiempo perdido. No debemos cometer el mismo error con el cambio climático. Puesto que precisamos esos avances antes de 2050, y dado lo que sabemos acerca de lo que se tarda en desarrollar y sacar al mercado nuevas fuentes de energía, tenemos que empezar ya. Si nos ponemos a ello, aprovechando al máximo el poder de la ciencia y la innovación, y asegurándonos de que las soluciones beneficien a los más desfavorecidos, quizá en el caso del cambio climático evitemos caer en la misma la falta de previsión que tuvimos con la pandemia. Esta hoja de ruta nos encamina en esa dirección.

La innovación y la ley de la oferta y la demanda

Como sostenía al principio —y espero haber dejado claro en los capítulos intermedios—, cualquier plan exhaustivo referente al clima tiene que beber de muchas disciplinas distintas. La climatología nos explica *por qué* debemos abordar este problema, pero no *cómo*. Para ello, necesitamos recurrir a la biología, la química, la física, las ciencias políticas y la ingeniería, entre otras disciplinas. No quiero dar a entender que todo el mundo deba estar versado en todos los temas: por ejemplo, cuando Paul y yo estábamos empezando, ninguno de los dos era experto en marketing, la asociación con empresas o la colaboración con gobiernos. Lo que precisaba Microsoft —y lo que precisamos ahora para enfrentarnos al cambio climático— era una estrategia que permitiera que diversas disciplinas nos encarrilaran en la vía correcta.

En terrenos como la energía, el desarrollo de software o casi cualquier otra actividad, es un error concebir la innovación únicamente en su sentido más estricto y tecnológico. La innovación no consiste en inventar máquinas o procesos nuevos sin más, sino también en idear nuevos enfoques sobre modelos de negocio, cadenas de suministro, mercados y políticas que contribuyan a que los inventos cobren vida y se difundan a escala global. La innovación se basa tanto en aparatos nuevos como en maneras nuevas de hacer las cosas.

Con estas condiciones en mente, he dividido los cinco elementos de mi hoja de ruta en dos categorías; si has asistido a un curso introductorio de economía te resultarán familiares. Una se fundamenta en ampliar la *oferta* de innovaciones —el número de ideas nuevas que se ponen a prueba—, y la otra en acelerar la *demanda* de innovaciones. Las dos van de la mano, en un continuo tira y afloja. Sin demanda de innovación, los inventores y responsables políticos carecerán de alicientes para elaborar ideas nuevas; sin una oferta constante de innovaciones, los productos verdes que el mundo necesita para lograr el objetivo del cero no llegarán a manos de los compradores.

Soy consciente de que suena a teoría de facultad de empresariales, pero en realidad se trata de un concepto bastante práctico. El planteamiento para salvar vidas de la Fundación Gates se basa en la idea de que hay que impulsar la innovación en favor de las personas de bajos recursos y al mismo tiempo incrementar su demanda. Por otra parte, en Microsoft creamos un grupo numeroso que se dedicaba a tiempo completo a la investigación, algo de lo que todavía me enorgullezco. En esencia, su trabajo consiste en aumentar la oferta de innovaciones. También pasábamos mucho tiempo escuchando a los clientes, que nos explicaban lo que esperaban de nuestro software; así funciona el lado de la demanda de innovación, algo que nos proporcionaba una información crucial que daba forma a nuestros esfuerzos de investigación.

Ampliar la oferta de innovación

En esta primera fase, el trabajo se centra en la investigación y el desarrollo clásicos, y científicos e ingenieros eminentes idean las tecnologías que necesitamos. Si bien en la actualidad contamos con varias soluciones competitivas en cuanto a costes y bajas en carbono, aún no disponemos de todas las tecnologías que se precisan para alcanzar las cero emisiones en todo el mundo. Las más importantes que seguimos necesitando aparecen explicadas entre los capítulos 4 y 9. Veamos de nuevo la lista como referencia rápida (puedes añadir las palabras «lo bastante barato para que puedan comprarlo los países de rentas medias» a todos los elementos).

Tecnologías necesarias

Hidrógeno producido sin emisiones de carbono	Fusión nuclear
Almacenamiento eléctrico a escala de red de duración estacional	Captura de carbono (tanto directamente del aire como *in situ*)
Electrocombustibles	Transmisión eléctrica subterránea
Biocombustibles avanzados	Plásticos neutros en carbono
Cemento neutro en carbono	Energía geotérmica
Acero neutro en carbono	Hidroeléctrica reversible
Carne y lácteos de origen vegetal y de laboratorio	Almacenamiento térmico
Fertilizante neutro en carbono	Cultivos tolerantes a sequías e inundaciones
Fisión nuclear de próxima generación	Alternativas al aceite de palma neutras en carbono
	Refrigerantes sin gases fluorados

Si los gobiernos quieren que estas tecnologías estén listas a tiempo para cambiar las cosas de verdad, deberán hacer lo siguiente:

1. Quintuplicar la energía limpia y la I+D relacionada con el clima durante la próxima década. La inversión pública directa en investigación y desarrollo es una de las herramientas más importantes en la lucha contra el cambio climático, pero los fondos que destinan los gobiernos son de todo punto insuficientes. En total, las subvenciones estatales para I+D en energía limpia ascienden a unos 22.000 millones de dólares anuales, lo que equivale a apenas un 0,02 por ciento de la economía mundial, aproximadamente. Los estadounidenses gastan más en gasolina en solo un mes. Estados Unidos, el mayor inversor en investigación sobre energías limpias con diferencia, destina únicamente 7.000 millones de dólares al año.

¿Cuánto deberíamos invertir? Creo que la comparación con los Institutos Nacionales de Salud (NIH, por sus siglas en inglés) es ilustrativa. Los NIH, con un presupuesto de unos 37.000 millones de dólares anuales, han desarrollado fármacos y tratamientos que salvan vidas y que muchas personas —tanto de Estados Unidos como del resto del mundo— necesitan a diario. Se trata de un gran modelo y un ejemplo de la ambición con que debemos afrontar el cambio climático. Además, aunque una partida para I+D cinco veces mayor puede parecer mucho dinero, es una minucia en comparación con la magnitud del reto, así como un indicador potente del grado de seriedad con la que un gobierno afronta el problema.

2. Apostar más por proyectos de I+D de alto riesgo y alta rentabilidad. Lo importante no es solo cuánto dinero gasta el estado, sino también en qué lo gasta.

Algunos gobiernos han sido víctimas de estafas al invertir en energías limpias (si necesitas un ejemplo, busca información sobre el «escándalo Solyndra»), y, como es lógico, los responsables políticos no quieren causar la impresión de estar malgastando el dinero de los contribuyentes. Sin embargo, este miedo al fracaso da lugar a carteras de proyectos de I+D con escasa visión de futuro. Se tiende a optar por inversiones más seguras que podrían y deberían estar financiadas por el sector privado. La principal ventaja de que el estado lidere la financiación de la I+D radica en que puede correr el riesgo de apostar por ideas audaces que tal vez fracasen o tarden mucho tiempo en rendir frutos. Esto es especialmente cierto en el caso de iniciativas científicas demasiado arriesgadas para que las asuma el sector privado por los motivos expuestos en el capítulo 10.

Para ver lo que ocurre cuando el sector público apuesta a lo grande con buen criterio, analicemos el ejemplo del Proyecto Genoma Humano (PGH). Diseñado para trazar el mapa genético humano completo y poner los resultados a disposición del público, fue un proyecto de investigación de referencia encabezado por el Departamento de Energía de Estados Unidos y los Institutos Nacionales de Salud, en colaboración con organismos de Reino Unido, Francia, Alemania, Japón y China. El proyecto requirió trece años de trabajo y miles de millones de dólares, pero abrió las puertas al desarrollo de análisis y tratamientos para decenas de afecciones genéticas, entre ellas el cáncer de colon hereditario, el alzhéimer y el cáncer de mama familiar.[1] Un estudio independiente del PGH concluyó que por cada dólar invertido por el gobierno federal en el proyecto se generó un retorno de 141 dólares para la economía estadounidense.[2]

Del mismo modo, necesitamos que los gobiernos se comprometan a costear proyectos a gran escala (de cientos o incluso miles de millones de dólares) que hagan avanzar la ciencia de las energías limpias, sobre todo en los campos enumerados en la página anterior. Además, deben comprometerse a mantener esa financiación a largo plazo para que los investigadores sepan que contarán con un apoyo constante durante años.

3. Adaptar la I+D a nuestras mayores necesidades. Existe una diferencia de orden práctico entre la investigación creativa de conceptos científicos novedosos (también denominada «investigación básica») y los esfuerzos por dar una utilidad a los descubrimientos científicos (lo que se conoce como «investigación aplicada o traslacional»). Aunque se trata de cosas distintas, es un error pensar —como algunos puristas— que no hay que degradar la ciencia básica pensando en cómo puede contribuir a la creación de un producto comercial útil. Algunos de los mejores inventos surgen cuando los científicos inician su investigación con una finalidad concreta en mente; el trabajo de Louis Pasteur en el campo de la microbiología, por ejemplo, dio pie al desarrollo de las vacunas y la pasteurización. Se precisan más programas gubernamentales que integren la investigación básica y aplicada en los terrenos en los que necesitamos que se produzcan más avances.

La Iniciativa SunShot del Departamento de Energía estadounidense es un buen ejemplo de cómo puede funcionar este enfoque. En 2011, los responsables del programa se fijaron el objetivo de reducir el coste de la energía solar a 0,06 dólares por kilovatio-hora antes del final de la década. Aunque se centraron en la I+D preliminar, también alentaron a empresas privadas, universidades y laboratorios nacionales a dedicar esfuerzos a metas como disminuir el coste de los sistemas de energía solar, eliminar las barreras burocráticas y abaratar la financiación de los equipos. Gracias a esta estrategia integrada, SunShot alcanzó su objetivo en 2017, tres años antes de lo previsto.

4. Colaborar con la industria desde el principio. Otra distinción artificial con la que he topado es la idea de que las primeras fases de la innovación corresponden a los gobiernos, y las últimas, a la industria. En la vida real, las cosas simplemente no funcionan así, sobre todo en el caso de los complicados retos técnicos que plantea la energía, cuyo indicador de éxito más importante es la capacidad de extenderse a escala nacional o incluso global. Las colaboraciones en una etapa temprana favorecen la implicación de personas que saben cómo conseguirlo. Los gobiernos y la industria tendrán que trabajar juntos para superar los obstáculos y acelerar el ciclo de la innovación. Las empresas pueden ayudar a desarrollar prototipos de nuevas tecnologías, aportar conocimientos sobre el mercado y coinvertir en los proyectos. Además, son las que comercializarán las innovaciones, por supuesto, así que lo más sensato es incorporarlas desde un principio.

Estimular la demanda de innovación

El lado de la demanda es un poco más complicado que el de la oferta. De hecho, se compone de dos fases: la de prueba y la de expansión.

Después de probar una propuesta en el laboratorio, hay que probarla en el mercado. En el ámbito de la tecnología, esta fase es rápida y barata; no requiere mucho tiempo comprobar si un nuevo modelo de teléfono inteligente funciona y atraerá a los clientes. En el caso de la energía, en cambio, es mucho más complicado y caro.

Hay que averiguar si la idea que ha dado buen resultado en el laboratorio sigue funcionando en condiciones reales (puede que los residuos agrícolas que queremos convertir en biocarburante estén mucho más húmedos que las sustancias utilizadas en el laboratorio y por tanto produzcan menos energía de la esperada). Además, hay que reducir los costes y riesgos de la adopción temprana, desarrollar cadenas de suministro, poner a prueba el modelo de negocio y ayudar a los consumidores a acomodarse a la nueva tecnología. Entre las ideas que hoy en día se encuentran en fase de prueba figuran el cemento con baja huella de carbono, la fisión nuclear de próxima generación, la captura y retención de carbono, la energía eólica marina, el etanol celulósico (un tipo de biocombustible avanzado) y las alternativas a la carne.

La fase de prueba es como un valle de la muerte al que acuden las buenas ideas para exhalar el último suspiro. A menudo, los riesgos que entrañan los ensayos de nuevos productos y su introducción en el mercado son simplemente tan grandes que ahuyentan a los inversores. Esto sucede sobre todo con las tecnologías bajas en carbono, que con frecuencia requieren mucho capital para ponerlas en marcha y un cambio de conducta sustancial por parte de los consumidores.

Los gobiernos (y las grandes empresas) pueden ayudar a las empresas energéticas emergentes a salir con vida del valle, pues son grandes consumidores. Si priorizan la compra de productos verdes, ayudarán a lanzar muchos más al mercado al generar certidumbre y reducir costes.

Aprovechar el poder de la contratación pública. Las administraciones de todos los niveles —nacional, estatal y municipal— adquieren grandes cantidades de combustible, cemento y acero. Además de construir y utilizar aviones, camiones y coches, consumen gigavatios de electricidad. Esto las coloca en una posición ideal para introducir tecnologías emergentes en el mercado a un coste relativamente bajo, sobre todo si se tienen en cuenta los beneficios sociales que conlleva generalizar su uso. Los departamentos de defensa pueden comprometerse a comprar combustibles líquidos bajos en carbono para barcos y aviones. Los gobiernos de los estados pueden utilizar cemento bajo en emisiones en los proyectos de construcción. Las empresas de servicios pueden invertir en almacenamiento de larga duración.

Todos los funcionarios que tomen decisiones sobre compras deberían tener alicientes para preferir los productos verdes, así como nociones de cómo incluir en los cálculos los costes de las externalidades explicadas en el capítulo 10.

Por cierto, no se trata de una idea particularmente nueva. Así fue como despegó internet: contaba con financiación pública de I+D, por supuesto, pero también con un comprador comprometido —el gobierno estadounidense— que aguardaba los resultados.

Crear incentivos para reducir costes y riesgos. Aparte de adquirir los productos en sí, los gobiernos pueden ofrecer varios alicientes al sector privado para que opten por las alternativas neutras en carbono. Las deducciones fiscales, las garantías de crédito y otros instrumentos pueden ayudar a reducir las primas verdes e incrementar la demanda de nuevas tecnologías. Como muchos de estos productos serán demasiado caros durante un tiempo, los compradores potenciales necesitarán acceso a una financiación a largo plazo, así como la confianza que deriva de unas políticas públicas coherentes y predecibles.

Los gobiernos pueden desempeñar un papel muy importante si adoptan políticas de bajas emisiones y determinan la manera en que los mercados captan dinero para estos proyectos. He aquí algunos principios: las políticas gubernamentales deben ser *tecnológicamente neutras* (es decir, apoyar todas las soluciones que reduzcan las emisiones, en vez de mostrar favoritismo hacia solo unas pocas), *predecibles* (en lugar de tener una vigencia que expira y se prorroga de forma continua, como sucede con frecuencia en la actualidad) y *flexibles* (para que beneficien no solo a quienes pagan muchos impuestos, sino también a numerosas empresas e inversores de todo tipo).

Construir la infraestructura que incorpore las nuevas tecnologías al mercado. Ni siquiera las tecnologías bajas en carbono más competitivas lograrán alcanzar una cuota de mercado si para empezar no cuentan con una infraestructura adecuada que ayude a lanzarlas al mercado. Las administraciones de todos los niveles deben colaborar para construir esa infraestructura. Esto incluye líneas de transmisión para energía eólica y solar, estaciones de carga para vehículos eléctricos, y gasoductos para el dióxido de carbono capturado y el hidrógeno.

Cambiar las reglas para que las nuevas tecnologías puedan competir. Una vez construida la infraestructura, necesitaremos nuevas reglas de mercado que permitan que las nuevas tecnologías sean competitivas. Los mercados eléctricos, diseñados en torno a tecnologías del siglo xx, a menudo sitúan las del siglo xxi en desventaja. En casi todos los mercados, por ejemplo, las compañías de servicios que invierten en almacenamiento de larga duración no reciben una compensación apropiada por el valor que aportan a la red. Las normativas dificultan el incremento en el uso de biocombustibles avanzados en coches y camiones. Asimismo, como se menciona en el capítulo 10, las nuevas clases de hormigón con baja huella de carbono no pueden competir debido a reglas gubernamentales anticuadas.

Examinemos ahora la fase de expansión: una implementación rápida y a gran escala. Solo se puede pasar a esta fase cuando se han minimizado los costes, las cadenas de suministro y los modelos de negocio están bien desarrollados y los consumidores han demostrado que adquirirán el producto. La energía eólica terrestre, la solar y los vehículos eléctricos se encuentran todos en la fase de expansión.

Pero expandirlos no será fácil. En apenas unas décadas, necesitaremos generar más del triple de la electricidad que producimos ahora, y deberá proceder en su mayor parte de energías limpias como la eólica y la solar. Tenemos que adoptar vehículos eléctricos con la misma rapidez con que compramos secadoras de ropa y televisores en color cuando salieron al mercado. Necesitamos transformar la manera en que fabricamos y cultivamos sin dejar de proveer al mundo de carreteras, puentes y los alimentos de los que dependemos.

Por suerte, tal como decía en el capítulo 10, no somos novatos en la tarea de expandir las tecnologías energéticas. Impulsamos la electrificación rural y potenciamos la producción nacional de combustibles fósiles al conjugar las políticas con la innovación. Aunque algunas de estas políticas —como diversas ventajas fiscales para las compañías petroleras— podrían parecer formas de subvencionar los combustibles fósiles, en realidad no son más que una herramienta para desplegar una tecnología que considerábamos valiosa. No olvidemos que hasta finales de los setenta —cuando el concepto de cambio climático pasó a formar parte del debate público— existía la creencia generalizada de que la mejor manera de elevar la calidad de vida y extender el desarrollo económico era fomentar el uso de los combustibles fósiles. Ahora podemos aprovechar las lecciones que aprendimos del impulso al crecimiento de los combustibles fósiles para aplicarlas a las energías limpias.

¿Qué implica esto en la práctica?

Fijar el precio del carbono. Ya se trate de un impuesto sobre el carbono o de un sistema de comercio de derechos de emisión que permita a las empresas comprar o vender el privilegio de emitirlo, esta es una de las medidas más importantes que cabe tomar para eliminar las primas verdes.

A corto plazo, el precio del carbono servirá para aumentar el coste de los combustibles fósiles, lo que avisará al mercado de que habrá gastos adicionales relacionados con los productos que emitan gases de efecto invernadero. El destino que se dé a los ingresos obtenidos con esta recaudación no es tan importante como el mensaje que lanzará a los mercados la tasa en sí. Muchos economistas proponen que se devuelva el dinero a los consumidores o las empresas para compensar la consiguiente subida de precios de la energía, aunque también hay argumentos poderosos a favor de que se destine a I+D y a otros incentivos para ayudar a resolver el problema del cambio climático.

A más largo plazo, a medida que nos aproximemos a las emisiones netas nulas, el precio del carbono podría establecerse en función del coste de la captura directa de aire, y los beneficios utilizarse para financiar la absorción de carbono de la atmósfera.

Si bien supondría un cambio fundamental en nuestra forma de calcular el importe de las cosas, el concepto de fijar un precio para el carbono goza de amplia aceptación entre economistas de diversas escuelas y de todo el espectro político. Hacerlo bien resultará difícil desde el punto de vista técnico y político, tanto en Estados Unidos como en el resto del mundo. ¿Estará dispuesta la gente a abonar ese precio suplementario por la gasolina y cualquier otro producto habitual en su vida cotidiana que dé lugar a emisiones de gases de efecto invernadero, es decir, casi todos? No detallaré aquí la solución, pero el objetivo esencial es asegurarnos de que todo el mundo pague el coste real de sus emisiones.

Estándares de electricidad limpia. Veintinueve estados de EE. UU. y la Unión Europea han adoptado una serie de normas de valoración denominadas «estándares de cartera renovable». La idea consiste en exigir a las compañías eléctricas que obtengan cierto porcentaje de electricidad de fuentes renovables. Se trata de mecanismos de mercado flexibles; por ejemplo, las compañías de servicios con acceso a más fuentes renovables pueden vender créditos a las que tienen menos. Sin embargo, hay un problema con la manera en que se aplica este sistema en la actualidad: solo permite a las compañías utilizar ciertas energías bajas en carbono (eólica, solar, geotérmica y, en ocasiones, hidráulica) y excluye opciones como la energía nuclear y la captura de carbono. Lo que se consigue con esto, de hecho, es incrementar el coste total de la reducción de emisiones.

Los estándares de electricidad limpia, que cada vez más estados estudian adoptar, constituyen una mejor estrategia. En lugar de promover las fuentes renovables en particular, consideran que cualquier tecnología energética limpia —incluidas la nuclear y la captura de carbono— cumple con los criterios exigidos. Se trata de un enfoque flexible y rentable.

Estándares de combustibles verdes. Esta idea de establecer normas de valoración menos restrictivas puede extrapolarse a otros sectores, para así reducir las emisiones procedentes de las centrales eléctricas y también de los vehículos y edificios. Por ejemplo, una normativa de combustibles verdes aplicada al sector del transporte aceleraría la difusión del vehículo eléctrico, los biocarburantes avanzados, los electrocombustibles y otras soluciones bajas en carbono. Al igual que los estándares de electricidad limpia, sería tecnológicamente neutra, y las entidades reguladas podrían estar autorizadas para comerciar con créditos, dos factores que reducirían el coste para el consumidor. A tal efecto, California ha creado un modelo con su Estándar de Combustibles Bajos en Carbono. Estados Unidos ha sentado las bases para una política de este estilo con el Estándar de Combustible Renovable, que puede reformarse para afrontar las limitaciones expuestas en el capítulo 10 y ampliarse para abarcar otras soluciones bajas en carbono (como la electricidad y los electrocombustibles). Esto lo convertiría en un arma poderosa en la lucha contra el cambio climático. La Directiva de Energías Renovables de la Unión Europea representa una oportunidad similar en el viejo continente.

Estándares de productos verdes. Las normas de valoración también pueden contribuir a fomentar el uso de cemento, acero y plástico bajos en emisiones, así como de otros productos con baja huella de carbono. Los gobiernos pueden iniciar el proceso estableciendo requisitos en sus programas de contratación pública e implantando normativas de etiquetado que proporcionen a todos los compradores información sobre cómo de «verdes» son los diferentes proveedores. Luego cabe ampliar estos estándares hasta abarcar todos los artículos con un alto índice de carbono disponibles en el mercado, no solo los que compran los gobiernos. Las importaciones también tendrían que cumplir los requisitos, lo que aplacaría el temor de los países a que la reducción de emisiones de sus sectores industriales encarezca los productos y suponga una desventaja competitiva.

Adiós a lo viejo. Además de lanzar nuevas tecnologías lo más rápido posible, los gobiernos habrán de retirar los equipos ineficientes alimentados por combustibles fósiles —desde automóviles hasta centrales eléctricas— a un ritmo más acelerado de lo que lo harían en otras circunstancias. Cuesta mucho construir las plantas generadoras, y la energía que producen solo resulta económica si el coste de construcción se distribuye a lo largo de su vida útil. En consecuencia, las compañías de servicios y sus agencias reguladoras se muestran renuentes a cerrar una central en perfecto estado de funcionamiento y que aún podría durar décadas. Los incentivos basados en políticas, ya sea a través del código tributa-

rio o la reglamentación de las empresas de servicios, pueden agilizar este proceso.

¿Quién va primero?

No hay un solo gobierno capaz de implementar en su totalidad
una hoja de ruta como la que propongo; la autoridad para la toma
de decisiones está demasiado repartida. Necesitaremos que intervengan todos los niveles de la administración, desde los planifica-
dores de transporte locales hasta los parlamentos nacionales y los
reguladores del medio ambiente.

El grado exacto de intervención de cada administración variará
de un país a otro, pero he aquí algunas características comunes que
suelen darse en casi todas partes.

Los gobiernos municipales desempeñan un papel importante
en determinar cómo se construyen los edificios y qué clases de
energía utilizan, si los autobuses y vehículos policiales funcionan o
no con electricidad, si existe una infraestructura de carga para los
automóviles eléctricos y cómo se gestionan los residuos.

La mayor parte de los gobiernos estatales o provinciales desempeñan una función relevante en la regulación de la electricidad, la planificación de infraestructuras como carreteras y puentes, y la selección de los materiales que se emplean en estos proyectos.

Por lo general, los gobiernos nacionales tienen autoridad sobre
las actividades que atraviesan las fronteras regionales o internacionales, por lo que dictan las reglas que configuran los mercados de
la electricidad, adoptan normativas sobre la contaminación y fijan
los criterios en torno a vehículos y combustibles. Por otro lado,
ejercen un poder enorme en las contrataciones públicas, son la

principal fuente de estímulos fiscales y habitualmente destinan más fondos a la I+D pública que las demás administraciones.

En resumen, hay tres medidas que todos los gobiernos nacionales deben tomar.

En primer lugar, plantearse el objetivo de llegar al cero, los países ricos antes de 2050, y los de rentas medias lo antes posible después de ese año.

En segundo lugar, desarrollar planes concretos para alcanzar esas metas. Si queremos alcanzar el cero antes de 2050, las políticas y las estructuras de mercado deberán implementarse antes de 2030.

Y, en tercer lugar, todos los países en condiciones de financiar la investigación tienen que asegurarse de que esté bien encauzada para producir una energía tan barata —y reducir las primas verdes hasta tal punto— que permita a los países de rentas medias llegar al cero.

Para mostrar cómo podrían llevarse a la práctica estas medidas, he aquí un esbozo de un posible plan integral para acelerar la innovación en Estados Unidos.

Gobierno federal

El gobierno estadounidense dedica más esfuerzos que nadie a impulsar la innovación en el suministro de energía. Es el mayor financiador y ejecutor de investigación y desarrollo en energías, con la participación de doce agencias federales (la mayor parte pertenecientes al Departamento de Energía). Cuenta con toda clase de instrumentos para gestionar la dirección y el ritmo de la I+D en energía: becas de investigación, programas de préstamos, incentivos fiscales, laboratorios, programas piloto y colaboraciones del sector público y privado, entre otras cosas.

El gobierno federal también desempeña un rol central en el impulso de la demanda de productos y políticas verdes. Además de contribuir a financiar carreteras y puentes, regula las infraestructuras interestatales como las líneas de transmisión, los gasoductos y oleoductos, y las autopistas, ayuda a establecer las normas de los mercados multiestatales de la electricidad y los combustibles. Por otro lado, recauda casi todos los impuestos, lo que significa que los incentivos económicos federales serán los más eficaces para impulsar el cambio.

En lo que se refiere a expandir las nuevas tecnologías, el gobierno federal es el que desempeña un papel más importante. Regula el comercio interestatal y ejerce la máxima autoridad en materia de comercio internacional y políticas de inversión, lo que implica que necesitaremos reglamentos federales para disminuir todas las fuentes de emisiones que crucen las fronteras estatales o internacionales. (Según *The Economist* —una de mis revistas favoritas—, las emisiones en Estados Unidos aumentarían en un 8 por ciento si se incluyeran todos los productos consumidos por los estadounidenses pero fabricados en otros países. Las de Reino Unido serían aproximadamente un 40 por ciento más altas.) Aunque el precio del carbono y los estándares de electricidad, combustibles y productos verdes deberían adoptarse en cada estado, resultarán más eficaces si se implementan en todo el país.

En la práctica, esto significa que el Congreso tiene que aportar fondos para la I+D, las contrataciones públicas y el desarrollo de infraestructuras, así como crear, modificar o ampliar los incentivos económicos para las políticas y los productos verdes.

Entretanto, en la rama ejecutiva, el Departamento de Energía lleva a cabo investigación propia, además de financiar otras actividades; su intervención en la implementación de los estándares federales de electricidad limpia sería clave. La Agencia de Protección Ambiental sería la encargada de diseñar y aplicar los estándares ampliados de combustibles verdes. La Comisión Federal Reguladora de Energía, que supervisa los mercados eléctricos al por mayor, así como los proyectos de líneas de transmisión y tuberías interestatales, tendría que regular los aspectos del plan relacionados con la infraestructura y el mercado.

La lista sigue: el Departamento de Agricultura realiza una labor esencial en lo que se refiere al uso del territorio y las emisiones agrícolas; el Departamento de Defensa compra combustibles avanzados y materiales bajos en emisiones; la Fundación Nacional para la Ciencia financia investigación; el Departamento de Transporte contribuye a costear carreteras y puentes; etcétera.

Por último, está la cuestión de cómo sufragaremos el trabajo necesario para llegar al cero. No sabemos con precisión cuánto costará a la larga —dependerá del grado de éxito y la velocidad de la innovación, así como de la eficacia del despliegue—, pero sabemos que requerirá inversiones cuantiosas.

Estados Unidos tiene la suerte de contar con mercados de capitales maduros y creativos capaces de abrazar grandes ideas y conseguir que se desarrollen y se implementen con rapidez; he sugerido algunas maneras en que el gobierno federal puede ayudar a encaminar esos mercados en la buena dirección y entablar nuevas formas de colaboración con el sector privado. Otros países —China, India y muchos estados europeos, por ejemplo—, si bien no tienen mercados privados tan fuertes, pueden realizar inversiones públicas considerables para combatir el cambio climático. Por otra parte, hay bancos multilaterales, como el Banco Mundial y algunos bancos de desarrollo en Asia, África y Europa, que también estudian implicarse más a fondo.

Hay dos cosas claras: en primer lugar, la suma de dinero que invertimos en las medidas para llegar al cero y adaptarnos a los daños que sabemos que se avecinan habrá de incrementarse de forma drástica y sostenerse durante mucho tiempo. A mi juicio, esto significa que los gobiernos y los bancos multilaterales tendrán que encontrar estrategias mucho mejores para aprovechar el capital privado. Sus arcas no son lo bastante grandes para que lo consigan por sí mismos.

En segundo lugar, los plazos de las inversiones en el clima son largos, y los riesgos, elevados. Por consiguiente, el sector público debería utilizar su potencia financiera para ampliar el horizonte de inversiones —de manera que refleje el hecho de que los retornos pueden tardar muchos años en llegar— y minimizar los riesgos de dichas inversiones. Combinar el dinero público con el privado a una escala tan grande no resultará fácil, pero es imprescindible. Necesitamos que nuestras mentes financieras más brillantes trabajen en este problema.

Gobiernos estatales

Muchos estados de mi país están dando ejemplo. Veinticuatro de ellos y Puerto Rico se han unido a la bipartidista Alianza por el Clima de Estados Unidos, con la que se comprometen a cumplir el objetivo del Acuerdo de París de disminuir las emisiones en al menos un 26 por ciento antes de 2025. Aunque queda muy lejos de las reducciones que necesitamos en el ámbito nacional, tampoco es un combate contra molinos de viento. Los estados pueden desempeñar un papel fundamental en demostrar la eficacia de tecnologías y políticas innovadoras, como el aprovechamiento de sus empresas de servicios y proyectos de construcción de carreteras para introducir en el mercado tecnologías como el almacenamiento de larga duración y el cemento de bajas emisiones.

Asimismo, los estados pueden poner a prueba medidas como el precio del carbono y los estándares de electricidad y combustibles verdes antes de que se implementen a lo largo y ancho del país. También pueden formar alianzas regionales, como es el caso de California y otros estados del oeste, que están planteándose la posibilidad de unir sus redes eléctricas, o como algunos estados del nordeste, que han puesto en marcha un programa de comercio de derechos de emisión para reducir los gases de efecto invernadero. La Alianza por el Clima de Estados Unidos y las ciudades que se han adherido a ella representan más del 60 por ciento de la economía estadounidense, lo que les confiere una magnífica capacidad para crear mercados y demostrar que pueden aplicarse ideas nuevas a gran escala.

Las asambleas legislativas de los estados serían responsables de adoptar sistemas de fijación de precios del carbono y estándares de energías y combustibles verdes dentro de cada estado. Además, se encargarían de que las agencias estatales y las comisiones de servicios públicos cambiaran sus políticas de adquisiciones para priorizar las tecnologías avanzadas bajas en emisiones.

Las agencias estatales son responsables del cumplimiento de los objetivos establecidos por la asamblea legislativa y el gobernador. Supervisan la eficiencia energética y las ordenanzas de edificación, gestionan las políticas relacionadas con el transporte y las inversiones, aplican las normativas sobre contaminación y regulan la agricultura y otros usos del territorio.

En el caso improbable de que alguien te abordara y te preguntara cuál es la agencia más críptica y con un impacto infravalorado en el cambio climático, no irías muy desencaminado si contestaras: «La comisión de servicios públicos de mi estado». Aunque la mayoría de la gente nunca ha oído hablar de estos organismos, en realidad son responsables de muchas de las normativas relacionadas con la electricidad en Estados Unidos. Por ejemplo, son las encargadas de aprobar las propuestas de proyectos de inversión de las compañías eléctricas y determinan el precio que deben pagar los consumidores por kilovatio-hora. Su importancia irá en aumento a medida que cubramos cada vez más nuestras necesidades energéticas con electricidad.

Gobiernos municipales

Alcaldes de Estados Unidos y del resto del mundo se están comprometiendo a disminuir las emisiones. Doce de las principales ciudades estadounidenses se han propuesto la meta de lograr la neutralidad de carbono antes de 2050, y trescientas poblaciones más han asumido el compromiso de cumplir los objetivos del Acuerdo de París.

Los gobiernos municipales no gozan de tanta autoridad para influir en las emisiones como los estatales y el federal, pero no tienen las manos atadas, ni mucho menos. Si bien carecen de competencias para establecer normativas sobre las emisiones de nuestro vehículo, por ejemplo, pueden comprar autobuses eléctricos, financiar más estaciones de carga para vehículos eléctricos, aprovechar la legislación urbanística para aumentar la densidad a fin de reducir los trayectos de casa al trabajo y, en caso necesario, restringir el acceso de vehículos de combustibles fósiles a las calles del municipio. También poseen la capacidad de dictar políticas de edificación verde, electrificar sus flotas de vehículos y establecer directrices de contratación pública, así como requisitos mínimos de eficiencia para los edificios de propiedad municipal.

Además, algunas ciudades —como Seattle, Nashville y Austin— son propietarias de la compañía de servicios local, lo que les permite determinar si la electricidad que suministran procede de fuentes verdes. Estos gobiernos municipales también pueden autorizar la construcción de proyectos de energías limpias en terrenos municipales.

Los ayuntamientos pueden asumir disposiciones similares a las de las asambleas legislativas de los estados y el Congreso de Estados Unidos para fijar las prioridades de financiación con arreglo a las políticas sobre el cambio climático y exigir a las agencias del gobierno municipal que tomen medidas.

Las agencias locales, al igual que sus equivalentes estatales y federales, determinan distintas prioridades de actuación. Los departamentos de obras velan por el cumplimiento de los requisitos de eficiencia; las agencias de tráfico pueden electrificarse e influir en los materiales que se utilizan en la construcción de carreteras y puentes; las agencias de gestión de residuos operan grandes flotas de vehículos y tienen poder de decisión sobre las emisiones procedentes de los vertederos.

Quisiera volver al ámbito federal para abordar un último punto: cómo pueden ayudar los países ricos a eliminar el problema de los beneficiarios parásitos.

Es imposible endulzar el hecho de que llegar al cero no nos saldrá gratis. Tenemos que invertir más en investigación, así como adoptar políticas que orienten los mercados hacia productos basados en energías limpias que, hoy por hoy, son más caros que sus equivalentes con altas huellas de carbono.

Sin embargo, no es fácil imponer costes más altos ahora a cambio de un mejor clima en el futuro. Las primas verdes son una razón poderosa por la que los países, sobre todo los de rentas medias y bajas, se resisten a recortar sus emisiones. Ya hemos visto numerosos ejemplos en el mundo —Canadá, Filipinas, Brasil, Australia y Francia, entre otros lugares— cuya población ha dejado claro con su voz y voto que no quieren pagar más por la gasolina, el gasóleo de calefacción y otros bienes esenciales.

El problema no es que la gente de esos países quiera que el clima sea más caluroso, sino que les preocupa lo que puedan costarles las soluciones.

Así pues, ¿cómo resolvemos el problema de los beneficiarios parásitos?

Resulta útil fijarse metas ambiciosas y comprometerse a alcanzarlas, como hicieron muchos países del mundo con el Acuerdo de París de 2015. Mofarse de los convenios internacionales es muy fácil, pero desempeñan una función en el progreso: quienes se alegren de que siga habiendo una capa de ozono deben agradecérselo a un acuerdo internacional denominado Protocolo de Montreal.

Una vez establecidos los objetivos, los países se reúnen en foros como la COP21 para informar de sus progresos y compartir las medidas que dan resultado. Estos actos funcionan también como un mecanismo para presionar a los gobiernos nacionales para que cumplan con su parte. Cuando los gobiernos del mundo están de acuerdo en que la reducción de emisiones vale la pena, es más difícil —aunque en modo alguno imposible— autoexcluirse y responder: «Me da igual, yo seguiré emitiendo gases de efecto invernadero».

¿Y aquellos que se nieguen a arrimar el hombro? Resulta de lo más complicado pedir cuentas a un país por algo como sus emisiones de carbono. Sin embargo, no es irrealizable. Por ejemplo, los gobiernos que fijen un precio sobre el carbono pueden introducir los llamados «ajustes en frontera», es decir, exigir el pago del precio del carbono correspondiente a un producto tanto si es de fabricación nacional como importado. (Hay que hacer excepciones en el caso de productos de países de rentas bajas donde la prioridad es impulsar el crecimiento económico, no reducir sus ya muy bajas emisiones de carbono.)

Incluso los países que no cuentan con un impuesto sobre el carbono pueden dejar claro que no cerrarán acuerdos comerciales ni establecerán asociaciones multilaterales con quienes no tengan como prioridad la reducción de gases de efecto invernadero ni hayan tomado medidas para conseguirla (con concesiones a los países con menos recursos, como ya hemos señalado). En esencia, sería como si los gobiernos se dijeran unos a otros: «Si quieres hacer negocios con nosotros, tendrás que tomarte en serio el cambio climático».

Por último, aunque desde mi punto de vista es lo más importante, debemos rebajar las primas verdes. Es la única manera de propiciar que los países de rentas medias y bajas reduzcan poco a poco las emisiones hasta llegar al cero, y eso solo ocurrirá si las naciones ricas —en especial Estados Unidos, Japón y algunos países de Europa— toman la iniciativa. Al fin y al cabo, es donde se desarrolla gran parte de la innovación en el mundo.

Hay que recalcar algo esencial: *rebajar las primas verdes que se pagan en el mundo no es un acto de caridad.* Países como Estados Unidos no deberían ver las inversiones en I+D sobre energías limpias únicamente como un favor al resto del mundo. También deberían considerarlas una oportunidad para realizar avances científicos que darán lugar a sectores nuevos conformados por grandes empresas nuevas que crearán puestos de trabajo al tiempo que disminuyen las emisiones.

Pensemos en todos los efectos positivos de la investigación médica financiada por los Institutos Nacionales de Salud (NIH). Estos publican sus resultados para que científicos de todo el mundo se beneficien de su trabajo, pero su financiación refuerza las capacidades de las universidades estadounidenses que, a su vez, están vinculadas tanto a empresas emergentes como a multinacionales. El resultado es una exportación estadounidense —conocimientos médicos avanzados— que crea muchos empleos bien remunerados en el país y salva vidas en todo el mundo.

Algo similar ocurrió con la tecnología: las primeras inversiones por parte del Departamento de Defensa dieron lugar a la creación de internet y los microchips que impulsaron la revolución de los ordenadores personales.

Y lo mismo puede ocurrir con las energías limpias. Hay mercados de miles de millones de dólares esperando a que alguien invente el cemento o el acero neutros en carbono de bajo coste o un combustible líquido con emisiones netas nulas. Como ya he argumentado, llevar a cabo estos avances e implementarlos a gran escala no resultará fácil, pero las oportunidades son tan grandes que vale la pena ponerse al frente del resto del mundo. Alguien inventará estas tecnologías. La cuestión es quién y cuándo.

Son muchas las cosas que podemos hacer como individuos, desde el ámbito local hasta el nacional, para acercarnos más rápido a nuestro objetivo. Eso es lo que trataremos en el siguiente y último capítulo.

12

LO QUE CADA UNO DE NOSOTROS PUEDE HACER

Es normal que nos sintamos indefensos ante un problema tan colosal como el cambio climático. Pero no lo estamos. Y no hace falta ser político o filántropo para ayudar a mejorar las cosas. Todos tenemos influencia como ciudadanos, consumidores, empresarios o empleados.

Como ciudadanos

Cuando uno se pregunta qué puede hacer para frenar el cambio climático, lo más normal es pensar en medidas como conducir un vehículo eléctrico o comer menos carne. Este tipo de acciones personales son importantes por el mensaje que transmiten al mercado —tema que trataremos más a fondo en el siguiente apartado—, pero el grueso de nuestras emisiones procede de sistemas más amplios en los que se desenvuelve nuestra vida cotidiana.

Si queremos desayunar tostadas, necesitamos tener implementado un sistema que suministre el pan, la tostadora y la electricidad para hacerla funcionar sin añadir gases de efecto invernadero a la atmósfera. No solucionaremos el problema del clima pidiendo a la gente que no coma tostadas.

No obstante, la implementación de este nuevo sistema energético requiere acciones políticas concertadas. Por eso implicarse en el proceso político es el paso más importante que pueden dar las personas de todas las condiciones sociales para ayudar a evitar un desastre climático.

En mis reuniones con políticos he descubierto que resulta útil recordar que el cambio climático no es el único asunto que tienen entre manos. Los gobernantes también se preocupan por la educación, el empleo, la sanidad, la política exterior y, más recientemente, la COVID-19. Y hacen bien: todas estas cuestiones son importantes.

Los responsables políticos, sin embargo, no pueden abordar todos los problemas a la vez, así que deciden qué hacer antes, cuáles son las prioridades, en función de las inquietudes que expresan los electores.

En otras palabras, los cargos públicos adoptarán planes concretos contra el cambio climático si los votantes se lo exigen. Gracias a los activistas de todo el mundo, no es necesario generar demanda: ya hay millones de personas reclamando medidas. Lo que hay que hacer, no obstante, es convertir esas reclamaciones en una presión que empuje a los políticos a tomar las decisiones difíciles y realizar las concesiones necesarias para cumplir sus promesas de reducir las emisiones.

Al margen de los recursos con los que cada uno pueda contar, siempre podemos utilizar nuestra voz y nuestro voto para conseguir cambios.

Hacer llamadas, escribir cartas y asistir a los plenos municipales. Podemos ayudar a los gobernantes a entender que es tan importante que piensen en el problema a largo plazo del cambio climático como en el empleo, la educación o la sanidad.

Aunque suene anticuado, las cartas y llamadas a los representantes elegidos pueden tener un impacto real. Los senadores y diputados reciben informes frecuentes de sus oficinas sobre las opiniones de los electores. Pero no basta con decirles «Hagan algo respecto al cambio climático». Hay que conocer su postura, formularles preguntas y dejarles claro que se trata de una cuestión que repercutirá en el sentido de nuestro voto. Debemos exigirles que destinen más fondos a I+D sobre energías limpias, que fijen un precio sobre el carbono o que tomen cualquier otra de las medidas descritas en el capítulo 11.

Estar atentos tanto a escala local como nacional. Muchas de las decisiones relevantes las toman a nivel estatal y municipal los gobernadores y alcaldes, las asambleas legislativas de los estados y los consistorios; esferas donde los ciudadanos tienen aún más influencia que a escala federal. En Estados Unidos, por ejemplo, la electricidad está regulada sobre todo por comisiones de servicios públicos de ámbito estatal, integradas por cargos elegidos o nombrados. Es importante conocer a nuestros representantes y mantener el contacto con ellos.

Presentarse a cargos públicos. Aspirar a llegar al Congreso de Estados Unidos es una meta muy ambiciosa. Pero un ciudadano no tiene por qué apuntar tan alto de entrada. Puede presentarse a las elecciones del estado o el ayuntamiento, donde, en cualquier caso, es probable que sus iniciativas tengan mayor incidencia. Necesitamos cargos públicos con toda la inteligencia política, el valor y la creatividad posibles.

Como consumidores

El mercado está dominado por la oferta y la demanda, así que, como consumidores, tenemos la posibilidad de ejercer un impacto enorme en el lado de la demanda de la ecuación. Si cada uno de nosotros modifica sus costumbres respecto a lo que compra y utiliza, podemos conseguir grandes avances, siempre y cuando nos centremos en cambios trascendentales. Por ejemplo, si puedes permitirte instalar un pequeño termostato para disminuir el consumo de energía cuando no estás en casa, no dudes en hacerlo. Reducirás la factura de la luz y tus emisiones de gases de efecto invernadero.

Sin embargo, recortar nuestras emisiones de carbono no es la acción más contundente que podemos realizar. También podemos lanzar al mercado el mensaje de que la gente quiere alternativas neutras en carbono y está dispuesta a asumir un mayor coste por ello. Cuando pagamos más por un coche, una bomba de calor o una hamburguesa vegetal, estamos diciendo: «Existe un mercado para este producto. Nosotros lo compraremos». Si suficientes personas envían el mismo mensaje, las empresas responderán, y con bastante rapidez, según mi experiencia. Invertirán más dinero y tiempo en la fabricación de productos bajos en emisiones, lo que contribuirá a que se consuman en mayor número. Esto reforzará la confianza de los inversores en las empresas nuevas que nos ayudarán a llegar al cero.

Sin este mensaje de la demanda, las innovaciones en las que invierten los gobiernos y las compañías jamás saldrán al mercado, o ni siquiera llegarán a desarrollarse, dada la falta de incentivos económicos para crearlas.

He aquí algunas medidas concretas que podemos tomar:

Contratar las tarifas verdes de la compañía de servicios. Algunas compañías de servicios proporcionan a hogares y oficinas la posibilidad de pagar un suplemento para obtener energía procedente de fuentes neutras en carbono. En trece estados las compañías están obligadas a ofrecer esta opción (si quieres saber de qué estados se trata, consulta el mapa de tarifas verdes del C2ES —Center for Climate and Energy Solutions, o Centro para Soluciones Climáticas y Energéticas—, www.c2es.org/document/green-pricing-programs). Los clientes pagan un suplemento en la factura de la luz para cubrir el coste adicional de la energía renovable, un promedio de entre uno y dos centavos por kilovatio-hora, es decir, entre 9 y 18 dólares al mes para un hogar estadounidense medio. Al participar en estos programas, estamos mostrando a estas compañías nuestra disposición a pagar más por abordar el cambio climático. Esto constituye una importante señal de mercado.

Pero lo que no hacen estos programas es eliminar las emisiones o conducir a incrementos significativos en la cantidad de energías renovables de la red. Solo las políticas gubernamentales pueden hacer eso.

Reducir las emisiones domésticas. Según la cantidad de dinero y tiempo de que dispongas, puedes sustituir tus bombillas incandescentes por leds, instalar un pequeño termostato, aislar las ventanas, comprar electrodomésticos eficientes o reemplazar tus equipos de calefacción y aire acondicionado por una bomba de calor (siempre y cuando el clima de tu lugar de residencia lo permita). Si vives de alquiler, puedes realizar las mejoras a las que tienes derecho —como cambiar las bombillas— y animar al propietario a que se encargue del resto. Si vas a construirte una casa nueva o reformar una vieja, puedes optar por utilizar acero reciclado y mejorar la eficiencia energética de la vivienda con paneles aislantes estructurales, encofrados aislantes para hormigón, barreras radiantes en desvanes y tejados, aislamiento reflectante y aislamiento de cimientos.

Comprar un vehículo eléctrico. Estos vehículos han avanzado mucho en cuanto a precio y rendimiento. Aunque quizá no sean adecuados para todo el mundo (no son ideales para viajes largos por carretera, y no a todo el mundo le resultaría práctico recargarlos en casa), están al alcance de cada vez más consumidores. Se trata de uno de los casos en los que el comportamiento de los consumidores puede tener enormes consecuencias: si la gente compra muchos, las empresas fabricarán muchos.

Probar una hamburguesa de origen vegetal. Reconozco que las hamburguesas vegetarianas no siempre han sido muy apetitosas, pero la nueva generación de alternativas proteicas de origen vegetal está más rica y se acerca más al sabor y la textura de la carne que sus predecesoras. Se encuentran disponibles en muchos restaurantes, tiendas de comestibles e incluso establecimientos de comida rápida. Comprar estos productos pone de manifiesto que elaborarlos es una buena inversión. Además, comer un sucedáneo de carne solo una o dos veces por semana (o prescindir de la carne) recortaría las emisiones de las que somos responsables. Lo mismo se aplica a los lácteos.

Como empresarios o empleados

Ya sea como empleados o como accionistas, podemos presionar a nuestra empresa para que ponga su granito de arena. Aunque, como es lógico, las acciones de las multinacionales son las que más repercuten en muchos de estos campos, las empresas pequeñas también pueden contribuir mucho a mejorar las cosas, sobre todo si colaboran a través de organizaciones como las cámaras de comercio locales.

Algunos pasos son más fáciles que otros. Las cosas sencillas sí importan: plantar árboles, por ejemplo, es bueno por razones políticas y medioambientales. Demuestra una preocupación por el cambio climático.

Limitarnos a lo fácil, sin embargo, no resolverá el problema. El sector privado también deberá adoptar medidas más duras.

En primer lugar, eso significa asumir más riesgos, como financiar proyectos que cabe que fracasen pero podrían convertirse en un logro para la ciencia de las energías limpias. Accionistas y directivos tendrán que estar dispuestos a asumir parte de esos riesgos asegurando a los ejecutivos que financiarán proyectos innovadores aunque no acaben rindiendo frutos. Debe recompensarse a las compañías y a sus líderes por apostar para que avancemos en la lucha contra el cambio climático.

Las empresas también pueden colaborar unas con otras identificando e intentando dar respuesta a los mayores desafíos del clima. Eso significa buscar las primas verdes más altas y tratar de reducirlas. Si, en el sector privado, los consumidores más importantes de materiales como el acero o el cemento se unieran y exigieran sustitutos más limpios —y se comprometieran con la infraestructura que requiere su fabricación—, la investigación se aceleraría y el mercado adoptaría el rumbo correcto.

Finalmente, el sector privado puede abogar por tomar estas decisiones difíciles accediendo, por ejemplo, a emplear sus recursos para desarrollar esos mercados y exigiendo que los gobiernos establezcan estructuras de regulación que permitan que las nuevas tecnologías obtengan éxito. ¿Los líderes políticos se centran en las fuentes de emisiones y los desafíos técnicos más importantes? ¿Están hablando de almacenamiento de energía a escala de red, de electrocombustibles, de captura de carbono y de cemento y acero neutros en carbono? Si no es así, no nos están ayudando a tomar el camino hacia las cero emisiones antes de 2050.

Propongo algunos pasos concretos que puede dar el sector privado en este sentido:

Establecer un impuesto interno sobre el carbono. Ya existen grandes compañías que imponen un tributo a cada una de sus divisiones. Estas empresas no se limitan a la palabrería en torno a la reducción de las emisiones. Ayudan a que los productos salgan de los laboratorios y entren en el mercado, porque los ingresos por impuestos internos pueden ir directos a actividades que reduzcan las primas verdes y ayuden a crear un mercado para los productos de energías limpias que necesitarán. Empleados, inversores y clientes pueden propugnar este enfoque respaldando a los responsables de implementarlo.

Priorizar la innovación en soluciones bajas en carbono. Casi todas las industrias solían preciarse de invertir en ideas nuevas, pero la época dorada de la I+D empresarial ha quedado atrás. En la actualidad, las empresas de los sectores aeroespacial, energético y de materiales reinvierten menos del 5 por ciento de sus beneficios en I+D (las de software emplean más del 15 por ciento). Las compañías deberían priorizar de nuevo las iniciativas de I+D, sobre todo las innovaciones bajas en carbono, muchas de las cuales requieren un compromiso a largo plazo. Por otra parte, las empresas más grandes pueden asociarse con investigadores del gobierno con el fin aportar conocimientos comerciales prácticos a las labores de investigación.

Practicar la adopción temprana. Al igual que los gobiernos, las compañías pueden aprovechar que compran muchos productos para acelerar la adopción de nuevas tecnologías. Entre otras cosas, esto puede traducirse en la adquisición de vehículos eléctricos para las flotas de empresa, materiales bajos en carbono para la construcción o reforma de edificios de la compañía y la responsabilidad de utilizar un porcentaje determinado de energía limpia. Numerosas empresas de todo el mundo se han comprometido ya a emplear energías renovables para gran parte de sus actividades, entre ellas Microsoft, Google, Amazon y Disney. La empresa de transporte marítimo Maersk ha asegurado que reducirá sus emisiones netas a cero antes de 2050.

Si bien será difícil cumplir estos compromisos, lanzan un importante mensaje empresarial sobre la importancia de desarrollar estrategias neutras en carbono. Al ver que existe una demanda, los innovadores sabrán que cuentan con un mercado dispuesto a comprar sus productos.

Involucrarse en el proceso de elaboración de políticas. Las empresas no pueden tener miedo de colaborar con el gobierno, del mismo modo que los gobiernos no deben tener miedo de colaborar con las empresas. Los negocios deberían abanderar el objetivo del cero y apoyar la financiación de la ciencia básica y los programas de I+D aplicada que nos conducirán hasta él. Esto reviste una importancia especial dada la desinversión empresarial en I+D de las últimas décadas.

Conectar con la investigación financiada por el gobierno. Las empresas deberían asesorar los programas de I+D para que la investigación tanto básica como aplicada se centre en las ideas con más números para convertirse en productos. (Nadie identifica mejor las posibilidades de éxito que las compañías que desarrollan y comercializan productos a diario.) Formar parte de los consejos asesores de los diversos sectores y participar en los ejercicios de planificación son maneras poco costosas de influir en los programas gubernamentales de I+D.

Además, las empresas pueden ayudar a costear la I+D a través de acuerdos de participación en la financiación y proyectos de investigación conjunta, el tipo de colaboración entre el sector público y el sector privado que dio lugar a las turbinas de gas y los motores diésel avanzados.

Ayudar a los nuevos innovadores a atravesar el valle de la muerte. Las ideas prometedoras de muchos investigadores nunca cristalizan en productos porque el proceso resultaría demasiado caro o arriesgado. Los empresarios consolidados pueden echarles una mano concediéndoles acceso a sus instalaciones de experimentación y facilitándoles datos como los parámetros de costes. Quienes deseen hacer algo más pueden ofrecer becas y programas de formación para emprendedores, invertir en tecnologías nuevas, crear departamentos especializados en la innovación baja en carbono y financiar nuevos proyectos de bajas emisiones.

Una última reflexión

Por desgracia, el diálogo sobre el cambio climático se ha polarizado de forma innecesaria, por no mencionar que se ha enturbiado a causa de las informaciones contradictorias y los relatos confusos. Tenemos que conseguir que el debate sea más reflexivo y constructivo, y, sobre todo, debemos centrarlo en los planes realistas y concretos para alcanzar la meta del cero.

Ojalá hubiera un invento mágico para orientar el diálogo en una dirección más productiva. Por supuesto, no existe ningún aparato así. De modo que lograrlo depende de cada uno de nosotros.

Abrigo la esperanza de que podamos encauzar la polémica compartiendo los datos con la gente que forma parte de nuestra vida: familiares, amigos y personas con cargos de responsabilidad. No se trata únicamente de poner en común la información que nos indica por qué debemos actuar, sino también la que nos muestra cuáles serían las medidas más beneficiosas. Uno de mis objetivos al escribir este libro es dar pie a más conversaciones de este tipo.

Confío también en que consigamos unirnos en torno a planes que tiendan puentes por encima de las diferencias políticas. Como he intentado demostrar, no es algo tan ingenuo como puede parecer. Nadie acapara el mercado de las soluciones eficaces contra el cambio climático. Los partidarios del sector privado, de la intervención estatal, del activismo o de una combinación de las tres cosas pueden cerrar filas tras una idea práctica. En cuanto a las ideas con las que no estés de acuerdo, es comprensible que te sientas impulsado a criticarlas. Pero confío en que dediques más tiempo y energía a apoyar las causas con las que simpatizas que a oponerte a aquellas de las que discrepas.

Con la amenaza del cambio climático cerniéndose sobre nosotros, puede resultar difícil mostrarse optimista respecto al futuro. Sin embargo, como escribió mi difunto amigo Hans Rosling, profesor y defensor de la salud global, en su fabuloso libro *Factfulness*: «Cuando tenemos una visión del mundo basada en los hechos, tomamos conciencia de que las cosas no son tan terribles como parecen... y de lo que debemos hacer para que sean mejores».[1]

Cuando tenemos una visión del cambio climático basada en los hechos, tomamos conciencia de que disponemos de algunos de los instrumentos que necesitamos para evitar un desastre climático, pero no de todos. Tomamos conciencia de qué nos impide imple-mentar las soluciones con que contamos y desarrollar los avances que nos hacen falta. Y tomamos conciencia de todos los esfuer-zos que debemos realizar para superar esos obstáculos.

Soy optimista porque sé lo que la tecnología y la *gente* son capa-ces de conseguir. Me llena de esperanza el entusiasmo que veo, sobre todo entre los jóvenes, por resolver este problema. Si no perde-mos de vista nuestra gran meta —llegar al cero— y trazamos pla-nes rigurosos para alcanzarla, lograremos evitar un desastre. Está en nuestra mano conseguir que el clima sea soportable para todos, ayudar a cientos de millones de personas de bajos recursos a apro-vechar la vida al máximo y conservar el planeta para las generacio-nes futuras.

EL CAMBIO CLIMÁTICO Y LA COVID-19

He concluido este libro hacia el final del año más turbulento de la historia reciente. Escribo este epílogo en noviembre de 2020, cuando la COVID-19 ha matado a más de 1,4 millones de personas en todo el mundo y hemos entrado en otra ola de contagios y muertes. La pandemia ha cambiado nuestra manera de trabajar, vivir y relacionarnos.

Por otro lado, 2020 nos ha traído nuevos motivos de esperanza respecto al cambio climático. Tras la elección de Joe Biden como presidente, Estados Unidos está preparado para recuperar el liderazgo en este campo. China se ha fijado el ambicioso objetivo de alcanzar la neutralidad de carbono antes de 2060. En 2021, la ONU celebrará otra importante cumbre sobre el cambio climático en Escocia. Nada de esto garantiza que obtengamos progresos, por supuesto, pero abre numerosas oportunidades.

Tengo la intención de dedicar buena parte de 2021 a conversar con líderes de todo el mundo sobre el cambio climático y la COVID-19. Defenderé ante ellos la tesis de que muchas de las lecciones que nos ha enseñado la pandemia —así como los valores y principios en los que se fundamenta nuestra lucha contra ella— son también aplicables al problema del clima. A riesgo de repetir lo que ya he expuesto en otros capítulos, resumiré dichas lecciones en estas páginas.

En primer lugar, necesitamos colaboración internacional. La frase «tenemos que trabajar hombro con hombro» parece un tópico, pero es cierta. Cuando gobiernos, investigadores y empresas farmacéuticas han trabajado hombro con hombro contra la COVID-19, el mundo ha realizado avances extraordinarios, como por ejemplo el desarrollo y el ensayo de vacunas en un tiempo récord. En cambio, cuando hemos demonizado a otros países o nos hemos negado a aceptar que las mascarillas y la distancia social frenan la propagación del virus, en vez de aprender los unos de los otros, hemos agravado la situación.

Lo mismo ocurre con el cambio climático. Si los países ricos solo se preocupan de reducir sus propias emisiones sin tener en cuenta que las tecnologías limpias deben ser viables para todos, nunca llegaremos al cero. En este sentido, ayudar a los demás no es solo un acto de altruismo, sino también algo que nos conviene. Todos tenemos motivos para lograr la meta del cero y ayudar a otros a alcanzarla. La temperatura no dejará de subir en Texas a menos que las emisiones dejen de aumentar en India.

En segundo lugar, debemos permitir que la ciencia o, para ser más precisos, muchas ciencias distintas nos iluminen el camino. En el caso del nuevo coronavirus, nos han servido de guía la biología, la virología y la farmacología, así como las ciencias políticas y la economía, pues, al fin y al cabo, decidir cómo distribuir las vacunas de forma equitativa es un acto eminentemente político. Del mismo modo que la epidemiología nos señala los riesgos de la COVID-19 pero no cómo combatirla, la climatología nos indica por qué debemos cambiar de rumbo pero no cómo hacerlo. Para ello, debemos recurrir a la ingeniería, la física, las ciencias ambientales, la economía y otras disciplinas.

En tercer lugar, las soluciones deben cubrir las necesidades de los más perjudicados. Con la COVID-19, las personas que más han sufrido son las que no tienen la opción de trabajar desde casa o de tomarse días libres para cuidar de sí mismas o de sus seres queridos. En su mayoría se trata de personas no blancas o de bajos recursos.

En Estados Unidos, las tasas de infección y muerte por la COVID-19 entre negros e hispanos son desproporcionadamente altas.[1] Los estudiantes de estos colectivos cuentan con menos facilidades para asistir a clases en línea que los blancos. Entre los beneficiarios de Medicare, el programa de cobertura sanitaria del gobierno de Estados Unidos, los pobres tienen un índice de fallecimientos por coronavirus diecinueve veces más alto.[2] Cerrar estas brechas será esencial para controlar el virus en Estados Unidos.

El nuevo coronavirus ha malogrado décadas de progreso en la lucha contra la pobreza y la enfermedad. Para lidiar con la pandemia, los gobiernos han desviado recursos humanos y económicos de otras prioridades, como los programas de vacunación. Según un estudio del Instituto de Métricas y Evaluación de la Salud, en 2020 las tasas de vacunación han descendido a su nivel más bajo desde la década de 1990.[3] Hemos retrocedido veinticinco años en unas veinticinco semanas.

Los países prósperos, que ya realizan cuantiosas donaciones en beneficio de la salud mundial, tendrán que ser aún más generosos para compensar esta pérdida. Cuanto más inviertan en el fortalecimiento de los sistemas sanitarios del planeta, mejor preparados estaremos para la siguiente pandemia.

Del mismo modo, debemos planificar una transición justa a un futuro con cero emisiones. Como argumentaba en el capítulo 9, los habitantes de las zonas desfavorecidas necesitan ayuda para adaptarse a un mundo más caluroso. Y los países privilegiados deben ser conscientes de que la transición energética ocasionará perjuicios a las comunidades cuya economía se basa en los sistemas de energía actuales: los lugares donde la principal industria es la minería del carbón, o aquellos en los que se elabora cemento, se funde acero o se fabrican coches. Además, mucha gente ocupa empleos vinculados de forma indirecta a estos sectores; cuando haya menos carbón y combustible que transportar, habrá menos trabajo para camioneros y ferroviarios. Una porción significativa de la economía de la clase trabajadora se verá afectada, por lo que es imperativo poner en marcha un plan de transición para dichas comunidades.

Por último, podemos tomar medidas que rescaten las economías castigadas por la COVID-19 y, al mismo tiempo, estimulen la innovación necesaria para evitar un desastre climático. Al invertir en investigación y desarrollo de energías limpias, los gobiernos pueden impulsar una recuperación económica que a su vez contribuya a aminorar las emisiones. Si bien es verdad que el gasto en I+D rinde frutos a largo plazo, también tiene consecuencias inmediatas: el dinero genera empleos en poco tiempo. En 2018, la inversión del gobierno estadounidense en investigación y desarrollo en todos los sectores mantuvo de forma directa e indirecta más de 1,6 millones de puestos de trabajo, lo que se tradujo en un ingreso de 126.000 millones de dólares para los trabajadores y una recaudación tributaria estatal y federal de 39.000 millones de dólares.[4]

La I+D no es el único ámbito en que el crecimiento económico va de la mano de la innovación en tecnología de cero emisiones. Los gobiernos también pueden ayudar a las empresas de energías limpias a crecer con políticas que reduzcan las primas verdes y faciliten que los productos verdes puedan competir con los productos basados en combustibles fósiles. Por otro lado, pueden aprovechar los fondos de los paquetes de ayuda contra el coronavirus para ampliar el uso de renovables y construir redes eléctricas integradas, por ejemplo.

En 2020 hemos sufrido un golpe trágico y demoledor. Sin embargo, soy optimista respecto a nuestras posibilidades de controlar el virus en 2021. También creo que lograremos avances importantes en el terreno del cambio climático, pues el mundo está más comprometido que nunca a resolver este problema.

Cuando la economía mundial entró en una grave recesión en 2008, el apoyo popular a las medidas contra el cambio climático cayó en picado. La gente no concebía que pudiéramos abordar ambas crisis al mismo tiempo.

Esta vez la situación es distinta. A pesar de que la pandemia ha causado estragos en la economía mundial, el apoyo a las iniciativas contra el cambio climático continúa siendo tan alto como en 2019. Al parecer, nuestras emisiones ya no son un problema que queramos barrer debajo de la alfombra.

Ahora la cuestión es la siguiente: ¿cómo deberíamos aprovechar este impulso? Para mí, la respuesta es clara. Durante la próxima década, debemos centrarnos en las tecnologías, las políticas y las estructuras de mercado que nos encaminen hacia la eliminación de los gases de efecto invernadero antes de 2050. No se me ocurre una mejor respuesta al nefasto 2020 que dedicar los próximos diez años a perseguir esta ambiciosa meta.

AGRADECIMIENTOS

Quiero dar las gracias a la gente de Gates Ventures y Breakthrough Energy que contribuyó a hacer posible *Cómo evitar un desastre climático*.

Josh Daniel ha sido un inestimable compañero de escritura. Me ha ayudado a expresar los aspectos complejos del cambio climático y la energía limpia de la manera más sencilla y clara posible. Si este libro resulta tan persuasivo como espero, será en gran parte gracias al buen hacer de Josh.

He escrito este libro porque quiero animar al mundo a adoptar planes eficaces para lidiar con el cambio climático. En este empeño no habría podido tener mejores colaboradores que Jonah Goldman y su equipo, incluidos Robin Millican, Mike Boots y Lauren Nevin. Me han proporcionado un asesoramiento esencial respecto a las políticas sobre el clima y las estrategias para procurar que las ideas expuestas en este libro tengan resonancia.

Ian Saunders dirigió el proceso creativo y de producción con todo el ingenio que he aprendido a esperar de él. Anu Horsman y Brent Christofferson diseñaron los gráficos —con la ayuda experta de Beyond Words— y eligieron las fotografías que han contribuido a dar vida a este libro.

Bridgitt Arnold y Andy Cook estuvieron al frente de la campaña promocional.

Larry Cohen, por su parte, supervisó todo este trabajo con su serenidad y sensatez habituales.

El equipo de Rhodium Group, encabezado por Trevor Houser y Kate Larsen, me ha prestado una ayuda extraordinaria. Su labor de investigación y asesoramiento queda reflejada a lo largo de todo el libro.

Quiero dar las gracias también a los miembros de la junta de Breakthrough Energy Ventures: Mukesh Ambani, John Arnold, John Doerr, Rodi Guidero, Abby Johnson, Vinod Khosla, Jack Ma, Hasso Plattner, Carmichael Roberts y Eric Toone.

Jabe Blumenthal y Karen Fries son dos excolegas de Microsoft que organizaron mi primera sesión formativa sobre el cambio climático, en 2006. En ella, me presentaron a dos climatólogos, Ken Caldeira, a la sazón investigador del Instituto Carnegie para la Ciencia, y David Keith, del Centro para el Medio Ambiente de la Universidad de Harvard. Desde entonces he mantenido incontables conversaciones con Ken y David que han conformado mi visión sobre el tema.

Ken y algunos de sus becarios posdoctorales —Candise Henry, Rebecca Peer y Tyler Ruggles— repasaron el manuscrito línea a línea en busca de errores factuales. Les estoy agradecido por su meticulosa labor. Cualquier error que haya quedado en el texto es responsabilidad mía.

El difunto David Mackay, de la Universidad de Cambridge, fue una gran inspiración para mí con su inteligencia y perspicacia. Recomiendo su magnífico libro *Energía sostenible sin malos humos* a todos aquellos que quieran profundizar en el tema de la energía y el cambio climático.

Vaclav Smil, profesor emérito en la Universidad de Manitoba, es uno de los mejores expertos en teoría de sistemas que conozco. Su influencia en este libro queda especialmente patente en los pasajes sobre la historia de las transiciones energéticas y en los errores que me ayudó a evitar.

He tenido la suerte de coincidir con varias personas bien informadas —y aprender de ellas— a lo largo de los años. Gracias al senador Lamar Alexander, a Josh Bolten, Carol Browner, Steven Chu, Arun Majumdar, Ernest Moniz, la senadora Lisa Murkowski, Henry Paulson y John Podesta por ser tan generosos con su tiempo.

Nathan Myhrvold me hizo una serie de críticas bien razonadas sobre uno de los primeros borradores. Nathan nunca duda en decirme sin tapujos lo que piensa, una cualidad que siempre agradezco, incluso cuando no sigo sus consejos.

Otros amigos y colegas tuvieron la amabilidad de dedicar un rato a leer el manuscrito y expresarme sus opiniones, entre ellos Warren Buffett, Sheila Gulati, Charlotte Guyman, Geoff Lamb, Brad Smith, Marc St. John, Mark Suzman y Lowell Wood.

Deseo dar las gracias al resto del equipo de Breakthrough Energy: Meghan Bader, Julie Barger, Adam Barnes, Farah Benahmed, Ken Caldeira, Saad Chaudhry, Jay Dessy, Gail Easley, Ben Gaddy, Ashley Grosh, Jon Hagg, Conor Hand, Aliya Haq, Victoria Hunt, Anna Hurlimann, Krzysztof Ignaciuk, Kamilah Jenkins, Christie Jones, Casey Leiber, Yifan Li, Dan Livengood, Jennifer Maes, Lidya Makonnen, Maria Martinez, Ann Mettler, Trisha Miller, Kaspar Mueller, Daniel Muldrew, Philipp Offenberg, Daniel Olsen, Merrielle Ondreicka, Julia Reinaud, Ben Rouillé d'Orfeuil, Dhileep Sivam, Jim VandePutte, Demaris Webster, Bainan Xia, Yixing Xu y Allison Zelman.

Quiero mostrar también mi agradecimiento al equipo de Gate Ventures: Katherin Augustin, Laura Ayers, Becky Bartlein, Sharon Bergquist, Lisa Bishop, Aubree Bogdonovich, Niranjan Bose, Hillary Bounds, Bradley Castaneda, Quinn Cornelius, Zephira Davis,

Prathna Desai, Pia Dierking, Gregg Eskenazi, Sarah Fosmo, Josh Friedman, Joanna Fuller, Meghan Groob, Rodi Guidero, Rob Guth, Diane Henson, Tony Hoelscher, Mina Hogan, Margaret Holsinger, Jeff Huston, Tricia Jester, Lauren Jiloty, Chloe Johnson, Goutham Kandru, Liesel Kiel, Meredith Kimball, Todd Krahenbuhl, Jen Krajicek, Geoff Lamb, Jen Langston, Jordyn Lerum, Jacob Limestall, Abbey Loos, Jennie Lyman, Nicole MacDougall, Mike Maguire, Kristina Malzbender, Greg Martinez, Kim McGee, Emma McHugh, Kerry McNellis, Joe Michaels, Craig Miller, Ray Minchew, Valerie Morones, John Murphy, Dillon Mydland, Kyle Nettelbladt, Paul Nevin, Patrick Owens, Hannah Palko, Mukta Phatak, David Phillips, Tony Pound, Bob Regan, Kate Reizner, Oliver Rothschild, Katie Rupp, Alicia Salmond, Brian Sanders, KJ Sherman, Kevin Smallwood, Jacqueline Smith, Steve Springmeyer, Rachel Strege, Khiota Therrien, Caroline Tilden, Yasmin Wazir, Sean Williams, Sunrise Swanson Williams, Cailin Wyatt, Mariah Young y Naomi Zukor.

Quisiera dar las gracias al equipo de Knopf. El apoyo de Bob Gottlieb a este libro desde un primer momento me ha ayudado a hacerlo realidad. Todo lo que se cuenta sobre sus maravillosas habilidades como editor es verdad. Katherine Hourigan guio este libro con gracia y talento en todas las fases de edición y producción. Gracias también al difunto Sonny Mehta, a Reagan Arthur, Maya Mavjee, Tony Chirico, Andy Hughes, Paul Bogaards, Chris Gillespie, Lydia Buechler, Mike Collica, John Gall, Suzanne Smith, Serena Lehman, Kate Hughes, Anne Achenbaum, Jessica Purcell, Julianne Clancy y Elizabeth Bernard. Y gracias a Lizzie Gottlieb por presentarle este proyecto a su padre.

Por último, estoy muy agradecido a Melinda, Jenn, Rory y Phoebe; a mis hermanas Kristi y Libby, y a mi padre, Bill Gates sénior, que falleció durante la escritura de este libro. No podría tener una familia más cariñosa y que me apoyara más.

NOTAS

Introducción. De 51.000 millones a cero

1. Fotografía de James Iroha.

2. Este gráfico refleja la información de los Indicadores de Desarrollo Mundial del Banco Mundial, con licencia CC BY 4.0 (https://www.creativecommons.org/licenses/by/4.0) y disponible en https://data.worldbank.org/. La renta refleja el producto interior bruto (PIB) per cápita en 2014, basado en la paridad del poder adquisitivo (PPA), expresado en dólares internacionales actuales. El consumo de energía está expresado en kilogramos de petróleo per cápita en 2014 según la información AIE de los Indicadores de Desarrollo Mundial del Banco Mundial. Todos los derechos reservados; modificado por Gates Ventures, LLC.

3. De izquierda a derecha (los títulos eran los vigentes en el momento del acto, en 2015): Wan Gang, ministro de Ciencia y Tecnología (China); Ali Al-Naimi, ministro de Petróleo y Recursos Minerales (Arabia Saudí); Erna Solberg, primera ministra (Noruega); Shinzo Abe, primer ministro (Japón); Joko Widodo, presidente (Indonesia); Justin Trudeau, primer ministro (Canadá); Bill Gates; Barack Obama, presidente (Estados Unidos); François Hollande, presidente (Francia); Narendra Modi, primer ministro (India); Dilma Rousseff, presidenta (Brasil); Michelle Bachelet, presidenta (Chile); Lars Løkke Rasmussen, primer ministro (Dinamarca); Matteo Renzi, primer ministro (Italia); Enrique Peña Nieto, presidente (México); David Cameron, primer ministro (Reino Unido); sultán Al Jaber, ministro de Estado y enviado especial para la Energía y el Cambio Climático (Emiratos Árabes Unidos). Fotografía de Ian Langsdon / AFP / Getty Images.

1. ¿Por qué cero?

1. Los datos de anomalías de la temperatura media global del Proyecto de Intercomparación de Modelos Acoplados (CMIP5) se basan en cálculos del Real Instituto Meteorológico de los Países Bajos (KNMI). La variación de la temperatura está expresada en grados centígrados.

2. La información sobre la variación media de la temperatura expresada en grados centígrados con respecto a la media en 1951-1980 proviene de Berkeley Earth, berkeleyearth.org; La información acerca del CO_2 expresado en toneladas métricas proviene de Global Carbon Budget 2019 de Le Quéré, Andrew *et al.*, con licencia CC BY 4.0 (https://www.creativecommons.org/licenses/by/4.0) y disponible en https://essd.copernicus.org/articles/11/1783/2019/.

3. Según investigaciones citadas en Solomon M. Hsiang y Amir S. Jina, «Geography, Depreciation, and Growth», *American Economic Review*, mayo de 2015.

4. Fotografía de AFP / Getty Images.

5. Donald Wuebbles, David Fahey y Kathleen Hibbard, *National Climate Assessment 4: Climate Change Impacts in the United States*, Programa de Investigación sobre el Cambio Global de Estados Unidos, 2017.

6. R. Warren *et al.*, «The Projected Effect on Insects, Vertebrates, and Plants of Limiting Global Warming to 1.5 °C Rather than 2 °C», *Science*, 18 de mayo de 2018.

7. World of Corn, página web publicada por la Asociación Nacional de Cultivadores de Maíz, <worldofcorn.com>.

8. Web del Consejo de Promoción del Maíz de Iowa, <www.iowacorn.org>.

9. Colin P. Kelley *et al.*, «Climate Change in the Fertile Crescent and Implications of the Recent Syrian Drought», *PNAS*, 17 de marzo de 2015.

10. Anouch Missirian y Wolfram Schlenker, «Asylum Applications Respond to Temperature Fluctuations», *Science*, 22 de diciembre de 2017.

2. No será fácil

1. Fotografía de dem10/E+ / Getty Images y lessydoang/RooM / Getty Images.

2. Administración de Información Energética de Estados Unidos, <www.eia.gov>.

3. La información sobre los gases de efecto invernadero expresados en toneladas métricas de equivalentes de dióxido de carbono (CO_{2e}) proviene de Rhodium Group. Este gráfico utiliza también información de Perspectivas de la Población Mundial 2019 (ONU), con licencia CC BY 3.0 IGO (https://creativecommons.org/licenses/by/3.0/igo/) y disponible en https://population.un.org/wpp/Download/Standard/Population/.

4. Fotografía de Paul Seibert.

5. Fotografía: © Bill & Melinda Gates Foundation/Prashant Panjiar.

6. Vaclav Smil, *Energy Myths and Realities*, Washington, D. C., AEI Press, 2010, pp. 136-137.

7. *Ibid.*, p. 138.

8. *Ibid.*

9. Las renovables modernas incluyen la eólica, la solar y los biocarburantes actuales. Fuente: Vaclav Smil, *Energy Transitions* (2018).

10. Xiaochun Zhang, Nathan P. Myhrvold y Ken Caldeira, «Key Factors for Assessing Climate Benefits of Natural Gas Versus Coal Electricity Generation», *Environmental Research Letters*, 26 de noviembre de 2014, <iopscience.iop.org>.

11. Análisis de Rhodium Group.

3. Cinco preguntas que plantear en toda conversación sobre el clima

1. Las cifras indican el consumo de energía promedio. El pico de demanda será más alto; por ejemplo, en 2019, la demanda pico en Estados Unidos era de 704 gigavatios. Para más información, véase la web de la Administración de Información Energética de Estados Unidos, <www.eia.gov>.

2. Taking Stock 2020: The COVID-19 Edition, Rhodium Group, <https://rhg.com>.

4. Cómo nos conectamos

1. Fotografía cortesía de la familia Gates.

2. Basado en SDG7: Data and Projections, IEA 2020, www.iea.org/statistics. Todos los derechos reservados; modificado por Gates Ventures, LLC.

3. Nathan P. Myhrvold y Ken Caldeira, «Greenhouse Gases, Climate Change, and the Transition from Coal to Low-Carbon Electricity», *Environmental Research Letters*, 16 de febrero de 2012, <iopscience.iop.org>.

4. Vaclav Smil, *Energy and Civilization*, Cambridge, Massachusetts, MIT Press, 2017, p. 406.

5. El sector de las renovables incluye las energías eólica, solar, geotérmica y los biocombustibles modernos. Fuente: bp Statistical Review of World Energy 2020, <https://www.bp.com>.

6. Oficina de Información Técnica y Científica del Departamento de Energía de Estados Unidos, «Analysis of Federal Incentives Used to Stimulate Energy Production: An Executive Summary», febrero de 1980, <www.osti.gov>. Los subsidios del carbón y el gas natural están calculados en dólares de 2019.

7. Fotografía de Universal Images Group / Getty Images

8. Wataru Matsumura y Zakia Adam, «Fossil Fuel Consumption Subsidies Bounced Back Strongly in 2018», IEA commentary, 13 de junio de 2019.

9. Los datos proceden de Eurelectric, «Decarbonisation Pathways», mayo de 2018, <cdn.eurelectric.org>.

10. Fraunhofer ISE, <www.energy-charts.de>.

11. Zeke Turner, «In Central Europe, Germany's Renewable Revolution Causes Friction», *Wall Street Journal*, 16 de febrero de 2017.

12. El peso de los materiales está expresado en toneladas métricas por teravatio hora de electricidad generada. «Solar fv» hace referencia a las placas solares fotovoltaicas, que transforman la luz del sol en electricidad. Fuente: Departamento de Energía de Estados Unidos, *Quadrennial Technology Review, An Assessment of Energy Technologies and Research Opportunities*, 2015, <https://www.energy.gov>.

13. Este gráfico refleja la información de Deaths per TWh de Markandya y Wilkinson; Sovacool *et al.*, con licencia CC BY 4.0 (https://www.creative-commons.org/licenses/by/4.0/) y disponible en https://ourworldindata.org/grapher/death-rates-from-energy-production-per-twh.

14. Departamento de Energía de Estados Unidos, «Computing America's Offshore Wind Energy Potential», 9 de septiembre de 2016, <www.energy.gov>.

15. David J. C. MacKay, *Sustainable Energy – Without the Hot Air*, Cambridge, R. U., UIT Cambridge, 2009, 98, 109. [Hay versión actualizada y adaptada al caso de España: Javier Samanes, Julio Pascual, Alberto Berrueta, Miguel Araiz, Leyre Catalán, Patricia Aranguren y David Arricibita, *Ener-*

gía sostenible sin malos humos, Pamplona, Universidad Pública de Navarra, 2019.]

16. Informe del estudio conjunto «Negative Emissions Technologies and Reliable Sequestration: A Research Agenda», Academias Nacionales de Ciencias, Ingeniería y Medicina, 2019.

5. Cómo fabricamos cosas

1. Departamento de Transporte del estado de Washington, <www.wsdot.wa.gov>.

2. Fotografía de WSDOT.

3. «Statue Statistics», monumento nacional de la estatua de la Libertad, Nueva York, Servicio de Parques Nacionales, <www.nps.gov>.

4. Vaclav Smil, *Making the Modern World*, Chichester, R. U., Wiley, 2014, p. 36.

5. Expresado en toneladas métricas de cemento producido. Fuente: Servicio Geológico de Estados Unidos (USGS), Departamento de Interior, T. D. Kelly y G. R. Matos, comps., 2014, «Historical Statistics for Mineral and Material Commodities in the United States», versión de 2016; Serie de datos 140 del Servicio Geológico de Estados Unidos, consultada el 6 de diciembre de 2019; USGS Anuarios de minerales del USGS: China, 2002, 2007, 2011, 2016, <https://www.usgs.gov>.

6. Consejo Estadounidense de Química, «Plastics and Polymer Composites in Light Vehicles», agosto de 2019, <www.automotiveplastics.com>.

7. Fotografía de REUTERS/Carlos Barria.

8. Servicio Geológico de Estados Unidos (USGS), Departamento de Interior, «Mineral Commodity Summaries 2019».

9. Freedonia Group, «Global Cement – Demand and Sales Forecasts, Market Share, Market Size, Market Leaders», mayo de 2019, <www.freedoniagroup.com>.

10. Solo figuran las emisiones directas; no se incluyen las emisiones causadas por la producción eléctrica. Fuente: Rhodium Group.

6. Cómo cultivamos y criamos

1. Análisis interno de Rhodium Group.

2. Paul Ehrlich, *The Population Bomb*, Nueva York, Ballantine Books, 1968. [Hay trad. cast.: *La explosión demográfica*, Barcelona, Salvat Editores, 1993.]

3. Banco Mundial, <https://datos.bancomundial.org/>

4. Derek Thompson, «Cheap Eats: How America Spends Money on Food», *The Atlantic*, 8 de marzo de 2013, <www.theatlantic.com>.

5. El consumo está expresado en toneladas métricas de carne de vacuno, cordero, cerdo y aves de corral. Fuente: OECD (2020), OECD-FAO Perspectivas Agrícolas, 2020, https://stats.oecd.org (consultado en octubre de 2020).

6. Fuente: Organización de las Naciones Unidas para la Alimentación y la Agricultura, <www.fao.org>.

7. UNESCO, «La comida gastronómica de los franceses», <https://ich.unesco.org/es/RL/la-comida-gastronomica-de-los-franceses-00437>.

8. Informe online de precios de venta al público en septiembre de 2020 llevado a cabo por Rhodium Group.

9. Fotografía de Gates Notes, LLC.

10. Expresado en miles de kilogramos (kg) de maíz por hectárea (ha). Fuente: Organización de las Naciones Unidas para la Alimentación y la Agricultura. FAOSTAT. OECD-FAO Perspectivas Agrícolas, 2020-2029. Última actualización: 30 de noviembre de 2020. Consultado en noviembre de 2020. https://stats.oecd.org/Index.aspx?datasetcode=HIGH_AGLINK_2020#.

11. Indicadores del desarrollo del Banco Mundial, <https://datos.banco mundial.org/indicator>.

12. Janet Ranganathan *et al.*, «Shifting Diets for a Sustainable Food Future», Instituto de Recursos Mundiales, <www.wri.org>.

13. Instituto de Recursos Mundiales, «Forests and Landscapes in Indonesia», <www.wri.org>.

7. Cómo nos desplazamos

1. <https://www.oecd-ilibrary.org>.

2. Histórico de emisiones proporcionado por Rhodium Group. Proyección de emisiones basada en información de Perspectiva energética mundial,

AIE (2020), https://www.iea.org/statistics. Todos los derechos reservados; modificado por Gates Ventures, LLC.

3. Este gráfico refleja la información de Beyond road vehicles: Survey of zero-emission technology options across the transport sector por Hall, Pavlenko y Lotsey, con licencia CC BY-SA 3.0 (https://www.creativecommons.org/licenses/by-sa/3.0/) y disponible en https://theicct.org/sites/default/files/publications/Beyond_Road_ZEV_Working_Paper_20180718.pdf.

4. La cifra se basa en un aumento bruto de 69 millones de automóviles al año, según la OICA, y una retirada de unos 45 millones, con una vida útil de trece años por vehículo.

5. Fuente: Consejo Internacional para el Transporte Limpio (ICCT), <https://theicct.org>.

6. El precio por kilómetro se basa en el supuesto de que el comprador paga un precio medio de adquisición por el vehículo, lo utiliza durante siete años y recorre un promedio de 19.300 kilómetros al año. Fuente: Rhodium Group.

7. Las especificaciones del Chevrolet Malibu y el Bolt EV corresponden a los modelos del año 2020. Fuente: <https://www.chevrolet.com>. Ilustraciones ©izmocars. Todos los derechos reservados.

8. Rhodium Group, Evolved Energy Research, IRENA y Agora Energiewende. El precio de venta al público es el promedio en Estados Unidos entre 2015 y 2018. El precio de la opción neutra en carbono es una estimación actual.

9. Rhodium Group, Evolved Energy Research, IRENA y Agora Energiewende. El precio de venta al público es el promedio en Estados Unidos entre 2015 y 2018. El precio de la opción neutra en carbono es una estimación actual.

10. Administración de Información Energética, <www.eia .gov>.

11. Michael J. Coren, «Buses with Batteries», *Quartz*, 2 de enero de 2018, <www.qz.com>.

12. Fotografía de Bloomberg / Getty Images.

13. Shashank Sripad y Venkatasubramanian Viswanathan, «Performance Metrics Required of Next-Generation Batteries to Make a Practical Electric Semi Truck», *ACS Energy Letters*, 27 de junio de 2017, <pubs.acs.org>.

14. Rhodium Group, Evolved Energy Research, IRENA y Agora Energiewende. El precio de venta al público es el promedio en Estados Unidos entre 2015 y 2018. El precio de la opción neutra en carbono es una estimación actual.

15. Boeing, <www.boeing.com>.

16. Rhodium Group, Evolved Energy Research, IRENA y Agora Energiewende. El precio de venta al público es el promedio en Estados Unidos entre 2015 y 2018. El precio de la opción neutra en carbono es una estimación actual.

17. Kyree Leary, «China Has Launched the World's First All-Electric Cargo Ship», Futurism, 5 de diciembre de 2017, <futurism.com>; «MSC Receives World's Largest Container Ship MSC Gulsun from SHI», Ship Technology, 9 de julio de 2019, <www.ship-technology.com>.

18. Rhodium Group, Evolved Energy Research, IRENA y Agora Energiewende. El precio de venta al público es el promedio en Estados Unidos entre 2015 y 2018. El precio de la opción neutra en carbono es una estimación actual.

19. Rhodium Group, Evolved Energy Research, IRENA y Agora Energiewende. El precio de venta al público es el promedio en Estados Unidos entre 2015 y 2018. El precio de la opción neutra en carbono es una estimación actual.

20. S&P Global Market Intelligence, <https://www.spglobal.com/marke tintelligence/en/>.

8. Cómo calentamos y enfriamos

1. A. A'zami, «Badgir in Traditional Iranian Architecture», conferencia Passive and Low Energy Cooling for the Built Environment, Santorini, Grecia, mayo de 2005.

2. Departamento de Energía de Estados Unidos, «History of Air Conditioning», <www.energy.gov>. Véase también «The Invention of Air Conditioning», *Panama City Living*, 13 de marzo de 2014, <www.panamacityliving.com>.

3. Agencia Internacional de la Energía, «The Future of Cooling», <www. iea.org>.

4. Agencia Internacional de la Energía, <www.iea.org>.

5. Basado en «The Future of Cooling», AIE (2018), www.iea.org/statistics. Todos los derechos reservados; modificado por Gates Ventures, LLC.

6. *Ibid.*

7. Agencia de Protección Ambiental, <www.epa.gov>.

8. Rhodium Group. Esta tabla compara el valor neto actual de una bomba de calor aerotérmica con el de un calentador de gas natural y un aire acondicionado eléctrico en una casa de obra nueva. Los costes se calculan con base en un

7 por ciento de descuento, los precios de la electricidad y el gas natural en el verano de 2019 y una vida útil de quince años para la bomba de calor.

9. Administración de Información Energética de Estados Unidos, <www.eia.gov>.

10. Rhodium Group, Evolved Energy Research, IRENA y Agora Energiewende. El precio de venta al público es el promedio en Estados Unidos entre 2015 y 2018. El precio de la opción neutra en carbono es una estimación actual.

11. *Ibid.*

12. Bullitt Center, <www.bullittcenter.org>.

13. Fotografía de Nic Lehoux.

9. Adaptarnos a un mundo más caluroso

1. Fotografía: © Bill & Melinda Gates Foundation/Frederic Courbet.

2. Max Roser, página web de Our World in Data, <ourworldindata.org>.

3. Banco Mundial, <https://datos.bancomundial.org/>.

4. GAVI, <www.gavi.org>.

5. Fotografía procedente de la colección del International Rice Research Institute (IRRI), Los Baños, Laguna, Filipinas.

6. Comisión Global de Adaptación, *Adapt Now: A Global Call for Leadership on Climate Resilience*, Instituto de Recursos Mundiales, septiembre de 2019, <gca.org>.

7. Organización de las Naciones Unidas para la Alimentación y la Agricultura, *El estado mundial de la agricultura y la alimentación, 2010-2011: Las mujeres en la agricultura*, <www.fao.org/home/es>.

8. Fotografía de Mazur Travel / Shutterstock.

9. Banco Mundial, «Según el Banco Mundial, la pobreza extrema a nivel mundial continúa disminuyendo, aunque a un ritmo más lento», <www.bancomundial.org>.

10. Por qué son importantes las políticas gubernamentales

1. Fotografía de Mirrorpix / Getty Images.

2. Administración de Información Energética de Estados Unidos, <www.eia.gov>.

3. Agencia Internacional de la Energía.

4. Departamento de Energía de Estados Unidos, «Renewable Energy and Efficient Energy Loan Guarantees», <www.energy.gov>.

5. Fotografía de Sirio Magnabosco/EyeEm / Getty Images.

11. Un plan para llegar al cero

1. Human Genome Project Information Archive, «Potential Benefits of HGP Research», <web.ornl.gov>.

2. Simon Tripp y Martin Grueber, «Economic Impact of the Human Genome Project», Battelle Memorial Institute, <www.battelle.org>.

12. Lo que cada uno de nosotros puede hacer

1. Hans Rosling, *Factfulness: Ten Reasons We're Wrong About the World—and Why Things Are Better than You Think*, con Ola Rosling y Anna Rosling Rönnlund, Nueva York, Flatiron Books, 2018, p. 255. [Hay trad. cast.: *Factfulness, diez razones por las que estamos equivocados sobre el mundo. Y por qué las cosas están mejor de lo que piensas*, Barcelona, Editorial Deusto, 2018.]

Epílogo: El cambio climático y la COVID-19

1. «Race, Ethnicity, and Age Trends in Persons Who Died from COVID-19 – United States, May-August 2020», U. S. Centers for Disease Control, <https://www.cdc.gov>.

2. «Preliminary Medicare COVID-19 Data Snapshot», Centers for Medicare and Medicaid Services, <https://www.cms.gov>.

3. Estudio del Institute for Health Metrics and Evaluation: «Goalkeepers Report 2020», <https://www.gatesfoundation.org>.

4. «Impacts of Federal R&D Investment on the U.S. Economy», Breakthrough Energy, <https://www.breakthroughenergy.org>.

ÍNDICE ALFABÉTICO

Los números de página en *cursiva* hacen referencia a ilustraciones.